大学土木
道路工学

改訂3版

稲垣 竜興 編
中村 俊行・稲垣 竜興・小梁川 雅 共著

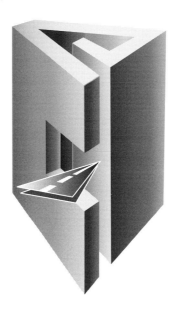

Ohmsha

本書を発行するにあたって，内容に誤りのないようできる限りの注意を払いましたが，本書の内容を適用した結果生じたこと，また，適用できなかった結果について，著者，出版社とも一切の責任を負いませんのでご了承ください．

　本書は，「著作権法」によって，著作権等の権利が保護されている著作物です．本書の複製権・翻訳権・上映権・譲渡権・公衆送信権（送信可能化権を含む）は著作権者が保有しています．本書の全部または一部につき，無断で転載，複写複製，電子的装置への入力等をされると，著作権等の権利侵害となる場合があります．また，代行業者等の第三者によるスキャンやデジタル化は，たとえ個人や家庭内での利用であっても著作権法上認められておりませんので，ご注意ください．

　本書の無断複写は，著作権法上の制限事項を除き，禁じられています．本書の複写複製を希望される場合は，そのつど事前に下記へ連絡して許諾を得てください．

出版者著作権管理機構
（電話 03-5244-5088, FAX 03-5244-5089, e-mail : info@jcopy.or.jp）

JCOPY ＜出版者著作権管理機構 委託出版物＞

まえがき

　本書は，初版以来「道路とはどんなものか」という観点から，読者に道路の有用性を伝えるべく編さんしてきた．しかし先の東日本大震災や近年の気候変動による集中豪雨による被害，さらにはインフラの老朽化による事故の発生などから，近年，社会インフラの見直しが喫緊の課題として取り上げられている．

　道路が整備されるにつれて，道路の存在に対する意識，すなわちその必要性や機能の向上という面からの認識も薄れてきているのが現状である．逆の見方をすれば，道路の存在は個人生活や社会活動と一体化，同化しているとも言える．

　すなわち，道路が自動車や歩行者の通路として役立っているという機能以外に，電気，ガス，上下水道などのライフラインの提供，地震・火災時の防災帯，通風や採光，緑化などの環境補完といった空間機能，さらには舗装に低騒音や路面温度抑制などの機能を付加し，積極的に沿道環境を改善するなど，道路が社会活動と一体化している証と言える．

　そういったなかで，道路のもつ従来の機能を発揮させ，さらに社会インフラとしての最近の要請に応えられるために必要な道路工学の新たな体系として，防災・減災に役立つコンセプトを付加したものが求められている．そのために必要なICTの活用技術，設計に必要なCIMの導入など，先端技術も組み込む必要がある．

　本書は，大学の学生を対象として，道路工学の基礎的内容を年間25～30回程度の授業によって一通り習得することを目標として，その構成とページ数を設定した．その性格上，記述はできるだけ簡潔を旨とし，また理解を助ける目的で図，表および写真を豊富に用いた．そして，各章末には演習問題を用意して，これらを解くことによって，学習効果を確かめるように配慮してある．

　今回の改訂では，以上の思いで，最近の道路構造令の改訂，社会資本整備審議会答申の趣旨などを折り込み，新しい社会資本整備重点計画，それに伴う道路整備計画や統計データの更新も含め追加修正をしたものである．

　終わりに，本書の取りまとめにあたっては，国土交通省道路局資料，社団法人

まえがき

日本道路協会刊行図書をはじめ多くの既刊の専門書を参考にさせていただいた．これらの関係各位に厚く感謝の意を表する．

2015 年 7 月

編著者　稲　垣　竜　興

目　　次

第 1 章　生活と道路

1. 道路の歴史 …………………………………………………………2
2. 道路の機能 …………………………………………………………7
3. 道路と経済 …………………………………………………………14
   演習問題 ……………………………………………………………24

第 2 章　道路の種類・管理と施策

1. 道路の種類と管理 …………………………………………………26
2. 道路の整備 …………………………………………………………32
3. 主要な道路施策 ……………………………………………………37
4. 道路と情報 …………………………………………………………43
5. 道路の技術開発 ……………………………………………………49
   演習問題 ……………………………………………………………51

第 3 章　道路交通

1. 道路交通 ……………………………………………………………54
2. 交通調査 ……………………………………………………………63
   演習問題 ……………………………………………………………68

第 4 章　道路の設計

1. 道路の構造基準 ……………………………………………………70
2. 横断面の構成 ………………………………………………………74
3. 線形設計と視距 ……………………………………………………80
4. 交　　差 ……………………………………………………………94
   演習問題 ……………………………………………………………101

第5章 舗装の設計

1. 舗装構造の変遷 …………………………………………………………104
2. 舗装の機能と性能 ………………………………………………………108
3. 舗装設計の考え方 ………………………………………………………119
4. アスファルト舗装の構造設計 …………………………………………130
5. セメントコンクリート舗装の構造設計 ………………………………136
   参 考 文 献 ……………………………………………………………141
   演 習 問 題 ……………………………………………………………142

第6章 道路の施工

1. 最近の道路施工技術 ……………………………………………………144
2. 土工および路床・路盤の施工 …………………………………………148
3. アスファルト舗装とコンクリート舗装 ………………………………160
   参 考 文 献 ……………………………………………………………175
   演 習 問 題 ……………………………………………………………176

第7章 排水施設

1. 道路と排水 ………………………………………………………………178
2. 排水施設の計画 …………………………………………………………178
3. 路 面 排 水 ……………………………………………………………180
4. 地 下 排 水 ……………………………………………………………181
5. 道路用地外の排水 ………………………………………………………182
6. 舗装における排水 ………………………………………………………182
   参 考 文 献 ……………………………………………………………184
   演 習 問 題 ……………………………………………………………184

第8章 道路の付属施設

1. 安全・管理施設 …………………………………………………………186
2. その他の付属施設 ………………………………………………………189
   演 習 問 題 ……………………………………………………………192

第 9 章　維持修繕

- 1 道路の維持管理 …………………………………………194
- 2 舗装の評価 ………………………………………………196
- 3 舗装の維持修繕 …………………………………………210
- 　参 考 文 献 ……………………………………………214
- 　演 習 問 題 ……………………………………………214

付 録・資 料

- 1 全国高速道路路線網図 …………………………………215
- 2 道路関係法令 ……………………………………………218
- 3 五箇年計画の主要課題と計画規模 ……………………220
- 4 社会資本整備重点計画 …………………………………221
- 5 道路政策の技術研究開発 ………………………………222
- 6 道路構造令 ………………………………………………224
- 7 そ の 他 ………………………………………………248

演習問題略解・ヒント ………………………………………………249

索　　　引 ……………………………………………………………251

生活と道路

第1章

イタリア・ローマの旧アッピア街道

　私たちは毎日「道路」を，空気や水のように朝から晩まで，特に意識することなく使っている．
　しかし，道路の果たしている役割は，日常生活や経済活動を根幹から支えるものであり，車や人の通行のみでなく，出合いや憩いの場，都市の景観形成や防災空間などと広範である．
　本章では，「生活と道路」のかかわりについて，初めに道路の歴史を概観するとともに，道路の多様な機能を，交通機能と空間機能に分けて見てみる．また，東日本大震災での道路の役割についても触れている．さらに，道路を整備した場合の効果について，その経済効果を中心に具体例を含めて説明とともに，道路事業の評価方法も記述する．

1 道路の歴史

1 世界の道路の歴史

　道は人が歩いて移動することにより生まれた．人工的な作用を加えた道を道路と考えれば，今から30万年ほど前のスペインの遺跡に，象の大腿骨が横一列に並べられたことにその原形が見いだせる．これは，原始人が獲物の肉を運び出すときに，足を取られないように考案されたものと推定されている．

　このように，道路は人類の歴史とともに始まり，経済的・社会的環境の変遷，技術の進歩などを反映して大きな変貌を遂げてきた．

　道路が歴史に現れる記録（**表1・1**）では，紀元前（BC）2600年ごろのエジプトにおけるピラミッド建設用の道路が古い．BC 1600年ごろの古代クレタ島の道路では，石を並べモルタルで固めた舗装が見られる（**図1・1**）．

　さらに，BC 300年ごろから，共和政ローマ，ローマ帝国によって建設された軍用道路が有名な「ローマの道」である．この道路網は極めて雄大なものであり，ローマ帝国内のあらゆる地域が直接首都ローマと結びつけられ，「すべての道はローマに通ずる」といわれた．

図1・1　古代クレタ島の舗装道路

　一方，東洋ではBC 50年ごろから，「絹の道（シルク・ロード）」と呼ばれる交易路を使って，中国の絹がタリム盆地を横断してヨーロッパに運ばれていた（**図1・2**）．このシルク・ロードを発展させ，さらに道路網の整備を図ったのは，12世紀のチンギス・ハン（1162～1227年）である．彼は東は中国から西はロシア・イランに至る大帝国をつくり上げたが，その広大な領土を維持するための情報網の一環として道路網と宿場の整備を行った．

　中世のヨーロッパは，ローマ帝国の分裂後の封建諸侯の分立により，各国とも道路整備がほとんど行われず，いわばローマの道の崩壊過程であった．道路が再

1・1 道路の歴史

表 1・1 道路の歴史

年代	世界	年代	日本
BC 2600 ごろ	・エジプト ピラミッド建設用石積道路		
BC 2000 ごろ	・琥珀の道 絹の道		
1600 ごろ	・古代クレタ島の道路（せっこうモルタルの使用）		
600 ごろ	・バビロンの王の道（アスファルトが初めて使用された）		
312	・ローマの道（アッピア街道，アウレリア街道，フラミニア街道，アエミニア街道，ポストミゥミア街道，アエミリア・スカウリ街道，ユリア・アウグスタ街道） 国営の公道（幹線道路）372 本，約 8500 km		
		AD 326	・難波に日本初めての架橋
		701	・「大宝律令」に「駅制」成文化
AD 1184	・パリ シテ島に市街地舗装（石張り舗装）		・駅路七道が幹線道路として整備
		1604	・日本橋を起点に五街道整備
		1625	・日光杉並木の整備開始
		1632	・会津藩白河街道全道の整備
1650	・フランスで街道整備の改善開始（車道路面を反り，両側に側溝）		
1662	・イギリスに有料道路会社に関する法律制度発効 ～1750 年までに 1382 マイルのターンパイク完成		
		1680	・箱根路で石畳舗装
1814	・イギリスでテルホード式舗装開始	1738	・大津街道で石舗装
1816	・イギリスでマカダム式舗装開始		
1822	・アメリカでトレサグ式舗装採用，補修にはマカダム式舗装を採用	1863	・長崎グラバー邸内でコールタール舗装
1870	・アメリカ ニュージャージ州でシートアスファルト舗装	1873	・銀座煉瓦街建設起工
		1878	・神田昌平橋にアスファルト舗装
		1900	・東京に初めて自動車出現
		1907	・日本橋通りで土瀝青舗装
1910	・アメリカでアメリカハイウェイ協会結成	1910	・東京市でコンクリート，アスファルトおよび木煉瓦試験舗装
		1918	・道路法，都市計画法成立
		1919	・道路構造令および街路構造令制定
1932	・最初の自動車専用道路がドイツで供用（アウトバーン・ボン～ケルン間 35 km）		
1944	・アメリカ連邦補助道路法制定（州際道路整備決定）		
		1954	・第 1 次道路整備五箇年計画
1958	・イギリス初の自動車専用道路（ブリストルバイパス）供用	1957	・名神高速道路着工
1958～61	・アメリカ AASHO 道路試験	1969	・東名・名神高速道路の全線開通
1991	・アメリカ ISTEA（陸上交通効率化法）制定，幹線道路網，道路財源制度等の見直し	1988	・本州四国連絡橋瀬戸大橋開通
		1997	・東京湾横断道路アクアライン開通
		1998	・本州四国連絡橋明石海峡大橋開通

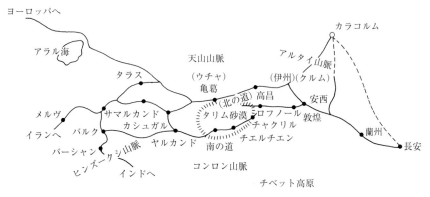

図 1・2　シルク・ロード略図

び整備され始めるのは，ヨーロッパにおける中央集権国家の成立を待ってである．

イギリスでは 1555 年に最初の道路法が，また 1662 年には有料道路法が成立した．フランスではルイ 14 世（1638～1715 年）やナポレオン（1769～1821 年）の時代に道路政策が精力的に推進され，18 世紀後半から 19 世紀にかけては道路建設の技術も大いに進歩した．

1886 年，ドイツのダイムラー（1834～1900 年）はガソリン発動機を用いた自動車の最初の試運転を行い，道路は新しい時代を迎えた．その後，欧米諸国では自動車の普及に伴って，本格的な道路整備が進められていった．

2　日本の道路整備の歴史

大化の改新（645 年）後，律令国家体制が確立されると，本州，四国，九州の全地域にわたる道路網が整備された．すなわち東海道（**図 1・3**），東山道（**図 1・4**），北陸道，山陰道，山陽道，南海道，西海道の全国規模のネットワークである七道の制度である．この七道は，複雑な地形の制約に順応あるいは克服して通されたルートで，その後の時代の街道の原型となり，さらには明治時代以降に敷設された鉄道幹線や 1964 年以降開通した高速道路も，だいたいこれに沿って走ることになった（**図 1・5**）．

江戸幕府（1600～1868 年）は，幕藩体制を形成・維持するために，幕府直轄の東海道，中山道，日光道中，奥州道中，甲州道中といった五街道を整備し（**図 1・6**），戦国大名の領国中心の交通体系から江戸を中心とした交通体系に改編した．

1・1 道路の歴史

図 1・3 東海道遺構（静岡市で発掘されたもので，奈良時代前半から平安時代前期ごろまで使われていたと思われる．道路の路面は砂利を転圧して固められており，両側の溝の間隔は約 12 m である）（静岡県埋蔵文化財調査研究所提供）

図 1・4 東山道（武蔵道）遺構（東京都国分寺市で発掘されたもので，築造年代は 7 世紀中後半とみられている．白線でマーキングされているのが，最初の 12 m 幅道路の側溝である）（西国分寺地区遺跡調査会提供）

図 1・5 律令時代の幹線道路（七道）

第1章 生活と道路

日光道中
江戸と日光を結び、日光街道とも呼ばれた。全長約140km。

奥州道中
江戸と奥州を結ぶ基幹街道。千住から宇都宮までの17宿は日光街道と同じ。これに白河までの10宿を加えた街道が、幕府道中奉行の管轄下に置かれた。

甲州道中
内藤新宿から府中・小仏峠・笹子峠・石和を経て甲府に至り、さらに信濃の下諏訪で中山道と合流。甲州街道とも呼ばれた。

中山道
江戸と京都を結ぶ内陸路で、全長約533km、69宿。中仙道とも書き、古代は東山道と呼ばれた。草津（滋賀県）で東海道に合流する。

東海道
江戸の日本橋を起点に京の三条大橋に至る約492km。「東海道五十三次」と呼ばれ、品川から大津まで53宿があった。

―― 五街道
--- 付属街道

図 1・6 江戸時代の幹線道路（五街道）

明治時代に入ると道路の近代化も図られたが，中国やヨーロッパのように中世に馬車交通の発達が見られなかった日本では，古代の道路事情から一足飛びに近代の道路へと変貌するわけにはいかなかった．

1945年，日本は太平洋戦争で敗北し，国土は荒廃の極に達していた．国土復興のための本格的な道路整備が発足したのは，戦後10年を経た1950年代中期のことである．

この時代に始まったモータリゼーションはまことに目覚ましく，引き続き現在に至るまで進展しつつある．自動車保有台数の著しい伸びに対応すべく，道路整備も精力的に進められてきたが，今日なお，幹線道路の各所に渋滞を見るように，道路の整備水準はいまだ不十分な状況にある．

また一方では，生活様式の多様化，高度化が進んで，道路整備に対しても沿道環境の保全，景観や緑化などに配慮が求められるようになり，さらに省資源や再生利用などのいわば地球的規模の環境保全が課題となっている．

2　道路の機能

1　道路の機能

道路は日常生活や経済活動に欠くことのできない社会資本であり，極めて多面的な機能を有している．この道路の機能は，交通機能と空間機能に大別される（**表1・2**）．

道路の交通機能は，自動車や歩行者などに通行サービスを提供する（トラフィック機能）とともに，沿道の土地・建物・施設などへの出入りサービスを提供する（アクセス機能），さらに，車の駐停車や歩行者の立ち話や休憩などのための"たまり"機能もこれに含まれる．

また，道路は本来最も基本的な公共空間であることから，市街地形成，防災空間，良好な環境形成，公共公益施設の収容などの多くの空間機能をもっている．

第1章 生活と道路

表 1・2 道路の機能

道路機能		効果など
交通機能	トラフィック機能	自動車・自転車・歩行者などへの通行サービス	時間距離の短縮 交通混雑の緩和 輸送費用の低減 道路交通の安全確保 エネルギー消費量の節約 環境負荷の軽減
	アクセス機能	沿道の土地・建物・施設などへの出入りサービス	生活基盤の拡充 土地利用の促進 地域開発の基盤整備
空間機能		市街地形成 防災空間 環境空間 収容空間	都市の骨格形成, 街区形成 避難路, 消防活動, 延焼防止 緩衝空間, 緑化, 通風, 採光などのアメニティ ライフライン・駐車場, 地下鉄などの収容

2 交通機能

道路の交通機能は，通勤・通学，買物，余暇などの一般の生活から，運搬・配達，営業活動などの経済活動に至るまでの，あらゆる社会生活を支えている．

交通機能におけるトラフィック機能とアクセス機能とはトレードオフの関係にあり，高速道路や郊外部の国道など幹線道路では，走行速度や走行の快適性といったトラフィック機能が重視され，円滑な交通流を確保するために，完全あるいは部分的なアクセスコントロール（沿道への出入り制限）が行われる．

一方，居住地域内の規格の低い道路などではアクセス機能を重視して，トラフィック機能はむしろ制限されることになる．

(a) トラフィック機能

自動車，自転車，歩行者などへの通行サービスとしての機能であり，トラフィック機能を増すことにより，時間距離の短縮，交通混雑の緩和，輸送費用の低減，道路交通の安全確保，エネルギー消費量の節約，環境負荷の軽減などの効果が期待できる．人流・物流における道路交通の比率の増加に伴って，道路の高速性，定時性などの速度サービスに対する社会的要請はますます強くなっている．

また，高齢者や障害者の通行にも考慮した道路整備が必要であり，特に歩行者や車いすが安全に通行できるよう，通行する部分の幅員を確保することや，段差・勾配を縮小すること，道路を横断する際の安全性を確保するなどバリアフリー歩

行空間のための各種対策が行われている．

　（b）　**アクセス機能**

　アクセス機能を増やすことにより，生活基盤の拡充，土地利用の促進，地域開発の基盤整備などの効果が期待できる．特に市街地においては，土地，建物や施設への出入り，荷物の搬出入は道路を通じて行われており，土地・建物・施設は道路に面し接続することによって，その機能を全うし得るといってよい．

　このアクセス機能は，沿道が住宅地か商業地かといった土地利用などの沿道特性によって異なる．たとえば，一定の速度サービスを確保する必要のある道路については，あらかじめ通常の車線数に追加して，沿道への出入り交通を分担させる特別の車線（側道など）を整備する必要がある．一方，沿道への出入り交通量が特に多い場合には，車線の増加や右左折専用レーンの設置などの交通対策が必要になる．また，既存の道路に接して大規模な施設が立地する場合には，開発事業者と道路管理者が連携して交通アセスメント*を実施し，開発に伴う影響を予測・評価したうえで，必要に応じ駐車待ちレーンの設置などの対策を行う．

　（c）　**たまり機能**

　広い意味でのアクセス機能として，自動車が駐停車したり，歩行者，自転車などが立ち話や休憩するなどのいわゆるたまり（滞留）のための機能も重要である．自動車交通に関しては，高速道路の休憩施設（サービスエリアなど）や一般道路の休憩施設（「道の駅」など）が，歩行者や自転車に対しては，交差点や橋のたもとなどにおける歩行者広場がこれに相当する．

　特に「道の駅」は，たまり空間としての機能だけではなく，沿道地域の文化，歴史，名所，特産物などの情報を活用し多様で個性豊かなサービスを提供している．さらに，これらの休憩施設が個性豊かなにぎわいのある空間となることにより，地域の核が形成され，活力ある地域づくりや道を介した地域連携が促進されるなどの効果も期待されている．このような道路利用者のための「休憩機能」，道路利用者や地域の方々のための「情報発信機能」，そして「道の駅」をきっかけに町と町とが手を結び活力ある地域づくりを共に行うための「地域の連携機能」，の三つの機能を併せ持つ「道の駅」は，平成5年の制度創設以来，全国で1180箇所

　＊　交通アセスメント：道路の沿道に大型のショッピングセンターなどを開発する場合に，開発行為による交通影響の緩和・解消を効率的かつ統一的に行うため，計画段階で交通影響を予測・調査し，必要に応じて予防的対策を講じる考え方．

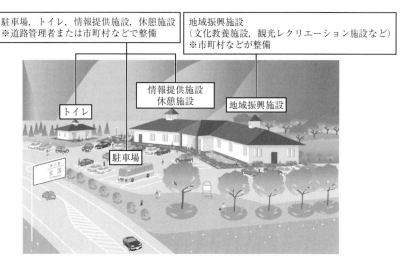

図 1・7 「道の駅」の概念図（国土交通省 HP http://www.mlit.go.jp/road/）

（令和 2 年 7 月現在）に広がっている．図 1・7 に概念図を示す．

3 空間機能

道路の空間機能としては，都市の骨格や街区を形成する市街地形成機能，災害時の避難路や延焼防止などのための防災空間機能，緩衝空間，通風・採光の確保，人々が集い，憩う場所の形成，修景といった環境空間としての機能，公共交通施設や上下水道，電力などのライフラインの収容空間としての機能がある（図 1・8）．

これらは都市生活や産業活動を支える重要な機能であり，都市内道路のもつ空間機能の果たす役割は極めて大きい．特に駅前や中心市街地など都市の顔となるような地区では，必要に応じてシンボル道路としての整備が行われている（図 1・9）．

道路上の電力線，電話線などの電線類や電柱をなくす無電柱化は，良好な景観を形成する（景観・観光）とともに，無電柱化により歩道の有効復員を広げることで，通行空間の安全性・快適性を確保する（安全・快適）．さらには，大規模災害（地震，竜巻，台風等）が起きた際に，電柱などが倒壊することによる道路の寸断を防止（防災）の観点から従来から共同溝や電線共同溝の整備により進められてきている．

1・2 道路の機能

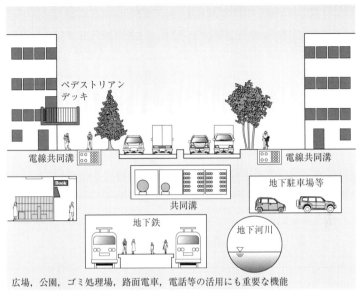

図 1・8　収容空間を有した道路の例

図 1・9　シンボル道路の整備例

しかし東京23区で8%，大阪市で6%（令和元年度末）と欧米のみならずアジアの主要都市に比べても無電柱化は遅れている．このために，今後は道路の新設，拡幅などを行う際に同時整備を推進するとともに，緊急輸送道路における新設電柱類の占用禁止や，電線類を直接埋設したりすることによる低コスト手法の導入などを図り，「電柱が無いことが常識」となるように事業を推進することとされている．

4　東日本大震災での道路の役割

平成23年（2011）年3月11日にマグニチュード9.0という戦後最大規模の大地震が発生した．東日本各地では震度7をはじめとした地震動のほか，太平洋沿岸の市町村に大津波が壊滅的被害を与えた．この東日本大震災時に，救援・救助，物資輸送，避難場所などで道路は大きな役割を果たした．

（a）　「くしの歯」作戦による道路啓開*

津波により被害を受けた沿岸部への救援，救助のために早急なルート確保が求められた．そのために，内陸部を南北に貫く東北自動車道と国道4号から，「くしの歯」のように沿岸部に伸びる何本もの国道を，救命・救援ルート確保に向けて切り開く，「くしの歯作戦」が採られた．道路の復旧に当たっては，まず，内陸部にあり比較的被災の少ない東北自動車道と国道4号の縦軸ラインについて緊急輸送ルートとしての機能を確保するとともに，内陸部の縦軸ラインから太平洋沿岸に向けて東西方向の国道等を「くしの歯」型に啓開し，11ルートが確保された．さらに，発災4日後の15日には，15ルートが確保された．7日後の18日には，太平洋沿岸ルートの国道45号，6号の97%について啓開された（図1・10）．

（b）　ネットワーク機能

震災の影響は被災地のみにとどまらず，部分的な調達難により商品が出荷できず，店頭から商品がなくなったり，東北からの素材や部品の供給がストップし，広域的なサプライチェーンの一部が途切れ，国内のみならず海外の自動車工場でも生産を中止，縮小するなどその影響は広範囲に及んだ．

東日本大震災では，東北・関東間の道路網の機能が制限される中で，日本海側の北陸自動車道や，関越自動車道，国道7号などの交通量が増加した．震災による道路網の機能低下を補う形で，それを補完するネットワークが活用された．

---

*　道路啓開：災害時の救援・救護活動のために，道路上の支障物件を除去するなどして，復旧・支援ルートを確保すること．

1・2 道路の機能

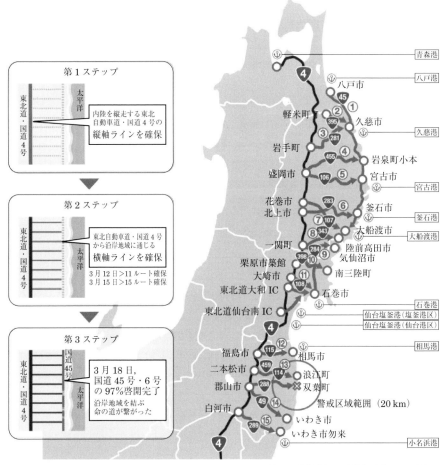

図 1・10 「くしの歯」作戦による道路啓開

（東北地方整備局　震災伝承館 HP より）

（c）「命の道」

　津波浸水区域を回避する高台に計画された高速道路が住民避難や復旧のための緊急輸送路として機能した．宮古道路では，住民約 60 人が盛土斜面を駆け上がり避難した．釜石山田道路では，小中学校の生徒や地域住民が自動車道を歩いて避難し，津波被害から命を守ることができた．また，被災後は緊急輸送，救援物資を運ぶ，命をつなぐ道として機能した．

（d） 副次的機能

海岸から4km付近まで津波が押し寄せた仙台平野では，周辺より高い盛土構造（7〜10m）の仙台東部道路に約230人の住民が避難した．この盛土は，内陸市街地へのガレキ流入を抑制する防潮堤としても機能した．

3　道路と経済

1　道路と整備効果

道路は前述のように多くの機能をもっており，このため道路の整備は多くの効果を生む（表1・3）．ストック効果とは道路が建設された後にその本来の機能から発生する生産力拡大効果であり，フロー効果は，道路整備の際の財政支出が有効需要を生んで国民総生産の増加などをもたらす需要創出効果である．

また，道路の整備効果は，道路を直接利用する人が受ける利用者便益（直接効果）と，利用しない人まで含めて広く社会一般が受ける波及効果（間接効果）に分類することもできる．

ストック効果は機能的な側面から，交通機能に対応する効果（走行経費の節約・走行時間の短縮など）と空間機能に対応する効果（都市の骨格形成・防災空間・ライフライン収容空間など）に大別される．

ここでは道路整備のストック効果について，整備効果の定量的評価および具体的な整備効果事例を紹介する．

（a）　利用者便益（直接効果）

道路整備により，道路を直接利用する人が得ることのできる便益であり，以下の項目があげられる．

（1）　走行経費の節減　　自動車の走行経費としては，燃料費，油脂費，タイヤ・チューブ費，整備費，車両償却費がある．これらは，走行速度，路面の状況，停車回数と速度変化などの諸要素によって左右されるもので，道路が整備されるとこれらの諸要素が改善されて走行経費が節約される．この走行経費の節約額を走行便益という．

燃料費については走行経費の中でも主要な項目であり，一般的には回帰分析に

1・3 道路と経済

表 1・3 道路整備の効果

分類			計測項目	非計測項目
ストック効果	利用者便益（直接効果）	交通機能に対応する効果	① 走行経費の節約・燃料の節約 ② 走行時間の短縮 ③ 交通事故の減少	④ 定時性の確保 ⑤ 運転者の疲労の軽減と走行快適性の増大 ⑥ 大量輸送処理の効果 ⑦ 荷傷みの減少と梱包費の節約など ⑧ 快適な走行 ⑨ 自転車交通のモビリティ向上
	波及効果（間接効果）		⑩ 輸送費の低下（物価の低減） ⑪ 生産力の拡大効果 ⑫ 生産力拡大による税収の増加 ⑬ 生産力拡大に伴う所得，雇用等の増加	⑭ 工場立地や住宅開発などの地域開発の誘導 ⑮ 沿道土地利用の促進 ⑯ 通勤・通学圏の拡大や買物の範囲拡大などの生活機会の増大 ⑰ 公益施設の利便性向上，医療の広域化など生活環境の改善 ⑱ 人口の定着・増大 ⑲ 地域間の交流・連携の強化 など
		空間機能に対応する効果		① 国土の有効利用と国土管理の効率化をもたらす社会的空間 ② 市街地を形成する都市の骨格 ③ 生活の快適性を向上させ，都市のアメニティを高める通風，採光，緑の空間 ④ 都市の安全を保障する防災空間 ⑤ 電気，電話，ガス，上下水道，地下鉄，光ファイバーなどの都市活動基盤施設の収容空間 など
フロー効果		事業支出効果	① 道路投資の需要創出効果 ② 需要創出による税収の増加 ③ 輸入の拡大	

（注） 1. 計測項目，非計測項目とは，第 12 次道路整備五箇年計画の効果として計測対象としたもの，しないものをいう．
　　　2. この表は道路整備という一つのインパクトから発生する効果を多面的にとらえたものであり，これらすべてを単純に合算することは不適当である．

より推計されている次のような関係式が用いられる．

$$Y = a/V + bV + cV^2 + d$$

ここで，Y：燃料消費量〔cc/km〕，V：平均速度〔km/h〕
　　　　a, b, c, d：パラメータ

（2） **走行時間の短縮**　　道路整備は，一般に 2 点間の物理的距離を短かくし，

走行時間を短縮する．また，距離は変わらなくても，渋滞の緩和などにより自動車の走行をより容易にし，走行時間を短縮することとなる．この短縮時間を金銭評価したものが時間便益である．

（3）**交通事故の減少**　道路整備が行われることにより，道路交通安全性の向上が期待できる．この便益は，道路の整備・改良が行われない場合の交通事故による社会的損失から，行われた場合の交通事故による社会的便益を減じた差によって算定する．

（4）**その他の直接効果**　その他の直接効果としては，① 渋滞の解消，代替ルートの整備などによる定時性の確保，② 走行時間の短縮や路面状況の改善などによる運転者の疲労の軽減と走行快適性の向上，③ 大量輸送処理による効果，④ 荷傷みの減少と梱包費の節約，⑤ 歩行者の快適な歩行，⑥ 自転車交通のモビリティ向上などがあげられる．

（b）**波及効果（間接効果）**

波及効果は，道路を直接利用しない人も含めて，広く社会一般が道路整備により間接的に受ける効果であり，以下の項目があげられる．

（1）**輸送費の低下（物価の低減）**　走行時間が短縮され，走行経費が節減されることにより輸送の合理化を促し，輸送費を引き下げて物価の低減に寄与する．

（2）**生産力の拡大効果**　生産・輸送の合理化により，社会全体の生産力を高める．

（3）**生産力拡大による税収の増加**　経済活動の拡大により，法人税，所得税，消費税などの税収を増加させる．

（4）**その他の波及効果**　交通機能に対応するものとしては，① 工場，住宅や観光開発，農林水産物の出荷先拡大などによる地域開発の誘導効果，② 沿道の土地利用の促進，③ 通勤・通学圏の拡大，買物・レジャーなどについての行動可能範囲の広がりによる生活機会の拡大，④ 公益施設，医療などの利用の広域化による生活環境の改善，⑤ 地域開発による人口の定着化，増大，⑥ 地域間の交流・提携などがある．

また，空間機能に対応するものとしては，⑦ 国土の有効利用と管理の効率化，⑧ 都市の骨格の形成，⑨ 生活の快適性の向上，⑩ 防災空間および ⑪ 都市活動基盤施設の収容空間の拡大などがある．

2 社会資本整備重点計画の投資効果

従来の道路整備五箇年計画に替わって,平成15年度からは道路整備の五箇年の計画は,国土交通省の9本の事業分野別長期計画を統合した「社会資本整備重点計画」に含まれることとなった.この社会資本整備重点計画(平成15～19年度)の道路整備による効果として計測されているものについて,その内容および計測方法を説明する.

なお,これ以降の「社会資本整備重点計画」では,事業費が計上されておらず,経済効果の計測結果は公表されていない.

(a) 社会資本整備重点計画による経済効果の計測結果

(1) **利用者便益(直接効果)**　重点計画終了後の平成20年度においては,表1・4に示されるように,時間便益が約3.8兆円,走行便益が約0.3兆円の合計約4兆円の利用者便益が生ずるものと推計される.

表 1・4　利用者便益（直接効果）

(平成15年度価格)

利用者便益	約4兆円/年	
時間便益（走行時間の短縮）	約3.8兆円/年	平成20年度分
走行便益（走行経費の節約）	約0.3兆円/年	

(2) **波及効果**　国内総生産(GDP)の増加は,重点計画を実施しない場合と比較して,平成15年度から平成24年度までの10年間の累計で約90兆円になるものと推計される.

このGDPの増加額を生産力拡大効果(ストック効果)と需要創出効果(フロー効果)の2つの要因に分けて計測すれば,表1・5に示すように,それぞれ約30兆円,約60兆円と計算される.

表 1・5　波及効果　　　　(平成14年度価格)

国内総生産の増加	約90兆円	平成15年度から24年度
生産力拡大効果（ストック効果）	約30兆円	までの10年間の累計
需要創出効果（フロー効果）	約60兆円	
うち税収の増加	約20兆円	
雇用の増加	年間約3.5万人	10年間の年平均

(**b**) **計測方法**

(1) **利用者便益（直接効果）**

① **時間便益** 道路整備による走行速度の向上や渋滞時間の減少により，走行時間が短縮することとなる（図 1・11）．

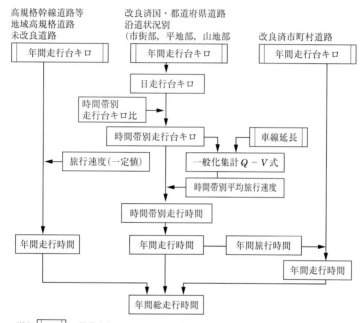

図 1・11 全国総走行時間推計のフロー

社会資本整備重点計画の達成により平成 20 年度に発生する時間便益は，重点計画が実施された場合と実施されなかった場合の道路分類別の走行台キロ（**表 1・6**）を旅行速度（**表 1・7**）で除して求めた総走行時間の差（短縮時間）に，車種別時間評価値（**表 1・8**）を乗じて求めている．

② **走行便益** 高速道路やバイパスの建設，現道の拡幅などによって円滑な走行が可能となり，燃料費，油脂費，タイヤ・チューブ費などの走行経費が節約されることになる（**図 1・12**）．この走行経費の節約額が走行便益である．

社会資本整備重点計画の達成によって平成 20 年度に発生する走行便益は，燃

表 1・6　道路分類別走行台キロ
(単位：億台キロ)

道路分類	平成20年度 整備なし	平成20年度 整備あり
高規格幹線道路等	929	1162
地域高規格道路	54	67
(改良済)		
国・都道府県道		
市街部	1877	1794
平地部	1827	1746
山地部	511	488
市町村道		
市街部	440	417
平地部	428	427
山地部	120	119
(未改良)		
国・都道府県道	379	344
市町村道	1631	1630
計	8195	8195

表 1・7　道路分類別・車種別設定速度
(単位：km/h)

車種＼道路分類	高規格幹線道路等	地域高規格道路
普通貨物	75	65
小型貨物	75	65
バス	75	65
乗用車	75	65

車種＼道路分類	一般道路 市街部	一般道路 平地部	一般道路 山地部	一般道路 (未改良)
普通貨物				30
小型貨物	一般化集計 $Q-V$ 式から設定			30
バス				30
乗用車				30

表 1・8　車種別時間評価値（平成15年度価格）
(単位：円/分)

普通貨物	87.44	バス	519.74
小型貨物	56.81	乗用車	62.86

料費，油脂費，タイヤ・チューブ費などの走行経費を，走行速度の関数としてとらえた走行経費原単位曲線式に走行速度を代入して求めた走行経費原単位（**表1・9**）に，表1・6の道路分類別走行台キロを乗じて得られる各場合の総走行経費の差額によって求めている．

（2）**波及効果**　道路整備による国内総生産の増加効果をストック，フローの面から推計するために，計量経済モデル EMERLIS（Econometric Labor and Industrial Structure）が開発されている．このモデルは，道路整備を交通近接性の向上によって表現し，全国レベルで経済効果を推計することができる（**図1・13**）．

このモデルにより，社会資本整備重点計画の効果による国民総生産（GDP）の増加（ストック効果，フロー効果）を推計している（**図1・14**）．

税収の増加については，国税と地方税に分類し，それぞれについて国内総生産との関係を推計して求めている．

雇用の増加については，国内総生産，労働力人口などと雇用の関係を推計して求めているが，近年の雇用のミスマッチなども考慮されている．

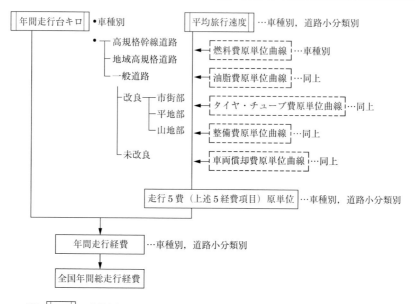

図 1・12 全国総走行経費推計のフロー

表 1・9 走行経費原単位

(単位：円/km)

道路分類 車種	高規格幹線道路等	地域高規格道路
普通貨物	21.02	20.44
小型貨物	13.68	13.54
バス	28.19	27.74
乗用車	6.38	6.25

一般道路（国道・都道府県道）			一般道路（市町村道）			一般道路（未改良）
市街部	平地部	山地部	市街部	平地部	山地部	
44.61	33.66	30.58	48.77	36.79	27.29	39.50
32.04	23.89	21.46	35.88	26.11	18.37	27.32
65.30	48.77	43.82	72.97	53.26	37.60	55.92
15.10	11.25	10.08	16.91	12.28	8.61	12.97

(注) この表の値は，社会資本整備重点計画における平均旅行速度（表1・7）の下での原単位であり，一般的なケースにおける原単位ではない．

1・3 道 路 と 経 済

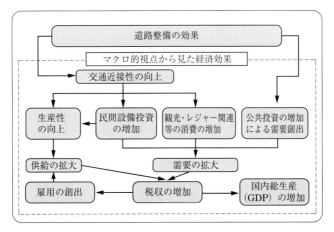

図 1・13　今回のモデルにおける効果の波及過程概念図

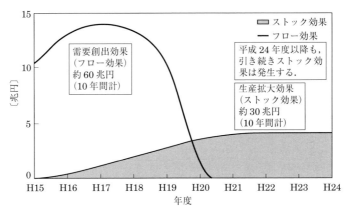

図 1・14　社会資本整備重点計画による国民総生産の増加

3　道路事業の評価

　道路事業の各プロジェクトについて，その効果や影響を正しく分析して評価し，優先度を判断する必要がある．さらに，継続中の事業や完成したプロジェクトについても適切な評価を行うことが求められている．

　道路の機能は多種多様であり，その効果・影響も多岐にわたる．したがって，その分類も評価の目的などにより様々な方法が考えられるが，その一例を**表 1・10**に示す．ここで直接効果とは，第三者を経ずに即時に発生する効果を示し，間接

表 1・10 道路整備の効果

			効 果 項 目
直接効果	道路利用者	道路利用	走行時間短縮・走行費用減少 　　当該道路 　　他機関, 他道路 交通事故減少 　　当該道路 　　他機関, 他道路 走行快適性の向上 歩行の安全性・快適性の向上
	沿道および地域社会	環　境	大気汚染 　　当該道路 　　他機関, 他道路 騒音 　　当該道路 　　他機関, 他道路 景観 生態系 エネルギー（地球環境）
間接効果		住民生活	道路空間の利用 災害時の代替路確保* 生活機会・交流機会の拡大* 公共サービスの向上 人口の安定化
		地域経済	建設事業による需要創出* 新規立地に伴う生産増加 雇用・所得増大 財・サービス価格の低下 資産価値の向上
	公共部門	財政支出	公共施設整備費用の節減
		租税収入	地方税 国税

＊は非日常的あるいは一時的な効果

効果とは，直接効果の影響を受けて時間的経過を経て発生する効果である．

（a）　費用便益比（B/C）

　これらの効果・影響のうち，便益を比較的金額換算しやすいものを用いて評価する方法が費用便益分析である．道路事業の評価としては，走行時間短縮，走行費用減少および交通事故減少を便益（B）として貨幣価値換算し，道路整備に要する事業費と道路維持管理に要する費用を費用（C）として費用便益比（B/C）が

一般的に用いられている．

しかしながら，交通量が少なく利用者便益が小さい場合や，地下道のように工事費が高いなどの理由により，費用便益比(B/C)が小さい事業であっても，生活環境の改善，防災機能の強化，過疎地域の民生安定などの効果が重視されるならば，これらのプロジェクトは正当なものであると評価されねばならない．このために，費用便益分析のみでなく，道路事業による多くの効果・影響を総合的に評価する手法が検討されている．

(b) 事業評価

公共事業の効率性およびその実施過程の透明性の一層の向上を図るため，以下の通り新規事業採択時評価，再評価，事後評価を行うこととされている．なお，個別事業の評価に当たっては，事業を実施する者（国土交通省，地方公共団体など）ごとに，第三者からなる事業評価監視委員会を設置して審議することとなっている．

(1) **新規事業採択時評価** 新規事業の採択時において行われるもので，道路事業では費用対便益，事業の影響，事業実施環境が評価される．事業の影響として「自動車や歩行者への影響」（渋滞対策，事故対策，歩行空間），「社会全体への影響」（住民生活，地域経済，災害，環境，地域社会）が評価項目となっている．事業実施環境は，都市計画決定手続きや地元の要望などが評価される．

(2) **再評価** 再評価は，事業採択後一定期間を経過した後も未着工である事業，事業採択後長期間が経過している事業などの評価を行い，事業の継続に当たり，必要に応じてその見直しを行うほか，事業の継続が適当と認められない場合には事業を中止するものである．

道路事業では，事業採択時から3年経過して未着手の事業，5年経過してまだ継続中の事業などについて再評価が行われている．

(3) **事後評価** 事後評価は，事業完了後の事業の効果，環境への影響などの確認を行い，必要に応じて，適切な改善措置を検討するとともに，事後評価の結果を同種事業の計画・調査のあり方や事業評価手法の見直しなどに反映することを企図するものである．

1. 道路の機能を分類するとともに，その機能による効果を例示せよ．
2. 具体的な道路整備の事例を取り上げて，その整備効果を説明せよ．
3. 上の事例で，その「事業評価」を調べるとともに，整備の妥当性について論ぜよ．

道路の種類・管理と施策

第2章

東京湾横断道路　アクアライン

　道路の種類・管理では，法律による定義，機能による分類，有料道路，関係法令および財源について説明する．
　さらに，道路の整備として，整備計画と道路事業の進め方を概説する．
　道路施策では，渋滞対策，環境対策などの変遷を示すとともに，道路と情報，技術開発について述べる．

1 道路の種類と管理

1 法律による分類

日本の道路は，「道路法」による分類で高速自動車国道と一般道路で構成されている．さらに一般道路は，一般国道，都道府県道，市町村道に分類される（**表2・1**）．

高速自動車国道は令和2年4月1日時点で約9 000 km が供用されており，一般道路の延長は約122万 km である．これら4種類の道路は，道路法に具体的にその指定・認定要件が定められており，さらに高速自動車国道については高速自動車国道法の適用を受けている．

これ以外に，道路法によらない「道路」として，道路運送法による一般自動車

表 2・1　道路の種類と管理者（国土交通省 HP http://www.mlit.go.jp/road）

道路の種類		定　　義	道路管理者	費用負担
高速自動車国道		全国的な自動車交通網の枢要部分を構成し，かつ，政治・経済・文化上特に重要な地域を連絡する道路その他国の利害に特に重大な関係を有する道路 【高速自動車国道法第4条】	国土交通大臣	高速道路会社 (国,都道府県 (政令市))
一般国道	直轄国道 (指定区間)	高速自動車国道とあわせて全国的な幹線道路網を構成し，かつ一定の法定要件に該当する道路 【道路法第5条】	国土交通大臣	国 都道府県 (政令市)
	補助国道 (指定区間外)		都府県 (政令市)	国 都道府県 (政令市)
都道府県道		地方的な幹線道路網を構成し，かつ一定の法定要件に該当する道路 【道路法第7条】	都道府県 (政令市)	都道府県 (政令市)
市町村道		市町村の区域内に存する道路 【道路法第8条】	市町村	市町村

*　高速道路機構および高速道路株式会社が事業主体となる高速自動車国道については，料金収入により建設・管理等がなされる
*　高速自動車国道の（　）書きについては新直轄方式により整備する区間
*　補助国道，都道府県道，主要地方道および市町村道について，国は必要がある場合に道路管理者に補助することができる

道[*1],港湾法による臨港道路,森林組合法による林道,自然公園法による公園道などの,限定された利用者を想定して建設される道路がある.

2 高規格幹線道路,地域高規格道路

道路法による以外に,「自動車専用道路」[*2],「街路」[*3] などの道路種類の分類が行われている.また,道路の機能から「高規格幹線道路」,「地域高規格道路」,「一般道路」に分類される(図2·1).

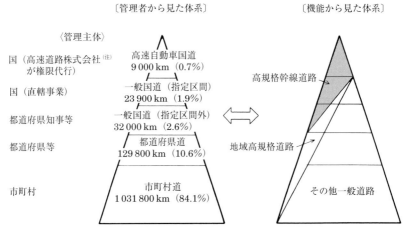

(注) 平成17年10月の道路公団民営化以前は,日本道路公団が権限代行

図 2·1 管理者から見た体系と機能から見た体系(平成25年4月1日現在)

(a) 高規格幹線道路

高速交通サービスの全国的な普及,主要拠点間の連絡強化を目標とし,地方中枢・中核都市,地域の発展の核となる地方都市およびその周辺地域などからおお

[*1] 一般自動車道:道路運送法により規定されている,もっぱら自動車の交通の用に供することを目的として設けられた道路.事業主体は多種にわたっており,一般の鉄道会社,バス会社などにまで及んでいる.

[*2] 自動車専用道路:自動車のみの一般交通の用に供する道路.高速自動車国道のほか,道路法の規定による自動車専用道路があり,自動車による以外の方法による通行が禁じられ,他の道路などとの交差も立体交差にすることなどが要求されている.

[*3] 街路:都市部の道路の総称であり,狭義には都市計画で定められた道路をいう.市街地形成の軸となり,交通空間としてのみならず,公共空地として都市環境の保全,各種の供給処理施設の収容空間としての機能を果たしている.

むね1時間程度で利用可能とする14 000 kmの高規格幹線道路網計画*が策定されている．

高規格幹線道路は，道路法の道路の分類でいえば高速自動車国道11 520 km，一般国道の自動車専用道路2 480 km（本州四国連絡道路約180 kmを含む）で構成されている．高規格幹線道路の体系を図2・2に示す（付録・資料1参照）．

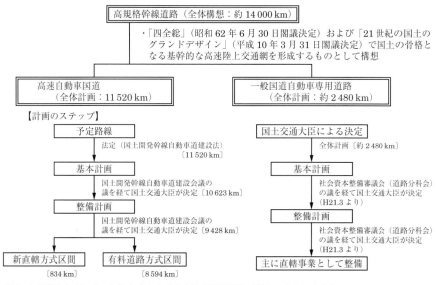

図2・2　高規格幹線道路の体系（国土交通省HP http://www.mlit.go.jp/road/）

（b）　地域高規格道路

地域の活性化と均衡ある国土構造の形成のために，高規格幹線道路網と一体となって機能する幹線道路網を計画的に整備する必要があり，一般国道，主要地方道の中でネットワーク上規格の高い道路として整備することが望ましい路線を「地域高規格道路」として指定している．

地域高規格道路は，地方中枢・中核都市などを中心とした放射・環状道路，地域集積圏間の交流を図るための路線，空港・港湾・地方振興プロジェクト拠点な

---

*　高規格幹線道路網計画：高規格幹線道路は，自動車の高速交通の確保を図るため必要な道路で，建設省は全国を網羅する14 000 kmの高規格幹線道路網計画を昭和62年（1987年）に決定した．

どと幹線道路網との連結道路などである．道路の機能としては，連携 (combination)，交流 (communication)，連結 (connection) のいずれかを有し，地域の実情に応じた走行サービスを提供することが可能となるよう自動車専用道路あるいはこれと同程度の機能を有する質の高い道路として計画し，21世紀初頭までには 6 000～8 000 km が整備される．

3 有料道路制度

道路は国民の生活に密接に関連し，あらゆる社会活動を支える根幹的な施設である．このため，道路の建設や管理は国や地方公共団体の責任のもとに税金を用いて行われ，無料で一般交通に供されることが原則である．しかし，日本の道路は歴史的な経緯や戦禍によって，その整備が著しく遅れており，限られた税金のみの財源では緊急に必要な道路整備に対処することが困難であった．

このため，1956年に道路整備特別措置法が制定され，道路整備の財源不足を補う方法として借入金を用い，完成した道路の通行料金をその返済に充てるという有料道路制度が認められた．

(a) 有料道路の種類と事業主体

有料道路の種類としては，道路法上の道路として高速自動車国道，都市高速道路，一般有料道路(有料の一般国道，都道府県道または市町村道)，有料橋・有料渡船施設があり，道路法によらない道路として道路運送法による一般自動車道などがある．

それぞれの有料道路の建設・管理を行う事業主体は表 2·2 に示すとおりである．

なお，平成17年10月より道路関係公団は民営化され，6つの高速道路株式会社が発足している．

(b) 有料道路の料金

有料道路の料金は，基本的にはその道路の建設や管理などに要する費用を，ある期間内(償還期間*)に利用料金で賄うように決定される．しかし，利用料金の水準が高ければ利用者が少なくなるなど利用交通量に影響を与えるので，有料道路の料金とその徴収期間は，関係大臣の認可を受けなければならないとされている．なお，それぞれの有料道路の料金決定の原則は，法律などで規定されている．

---

* 償還期間：有料道路事業においては，道路の新設費，改築費，維持修繕費，管理費などの費用を，料金収入などにより償うが，その償還の完了に要する期間．

表 2・2 有料道路の種類と事業主体

種類	事業主体	対象
高速自動車国道	東日本高速道路株式会社 中日本高速道路株式会社 西日本高速道路株式会社 〔日本道路公団〕	自動車の高速交通の用に供する道路で，全国的な自動車交通網の枢要部分を構成し，かつ，政治・経済・文化上特に重要な地域を連絡するもの，その他国の利害に特に重大な関係を有するもので，政令でその路線を指定したもの
都市高速道路	首都高速道路株式会社 〔首都高速道路公団〕 阪神高速道路株式会社 〔阪神高速道路公団〕 指定都市高速道路公社 （名古屋，福岡・北九州および広島）	都市計画において定められた自動車専用道路 ・首都高速道路：東京都区部およびその周辺地域 ・阪神高速道路：大阪市，神戸市および京都市の区域ならびにその周辺地域 ・指定都市高速道路：人口50万以上の市の区域およびその周辺 （政令上は，名古屋市，北九州市，札幌市，福岡市および広島市）
本州四国連絡道路	本州四国連絡高速道路株式会社 〔本州四国連絡橋公団〕	料金を徴収することができる一般国道で本州と四国を連絡する道路
一般有料道路	東日本高速道路株式会社 中日本高速道路株式会社 西日本高速道路株式会社 〔日本道路公団〕 地方道路公社 都道府県・市町村 （道路管理者）	建設大臣の許可を受けて，借入金により新設・改築し料金を徴収する道路 （例） 第三京浜道路，京葉道路，第二神明道路，関門トンネル，伊豆中央道

（注） 平成17年10月の道路関係四公団民営化以前は〔　〕内の公団が事業主体．

（c） **有料道路の財源**

　有料道路については，本来公共事業によって建設し無料で公開すべき道路について，財源不足による建設の遅延を避け，緊急に整備するために採用される特別な措置であるから，その建設に要する費用の財源は，ほとんど借入金に頼っている．この借入金は完成後，通行する車両から徴収する料金により償還される．

4　道路関係法令

　現在，道路行政を律している法令は道路法を中心として多数があるが，これらは基本的な道路の管理に関する法令，道路の整備の促進のための政策的な法令，有料道路に関する法令，道路財源関係の法令，その他の法令の5グループに大別される．

　他方，道路は，地域開発や都市計画においても重要な地位を占めているので，

地域開発関係法，都市計画法などの中にも道路に関する規定が多く存在する（「付録・資料2」参照）．

5　道路事業の財源

わが国の道路事業は，道路法が定める管理区分とは別に，投資の主体および財源の観点から，一般道路事業，有料道路事業および地方単独事業の3種類に分類される．

一般道路事業は，国費（国が支出する経費）と地方費（地方公共団体が支出する経費）により賄われ，国土交通省が地方整備局を通じて自ら実施する道路事業（直轄事業）と国の補助を受けて地方公共団体が実施する道路事業（補助事業・交付金事業）に分けられる．

有料道路事業は，6つの高速道路株式会社，指定都市高速道路公社のほか地方道路公社などが，主として借入金（財政投融資資金*1 など）によって資金を調達し，完成後の料金収入によって償還を行う道路事業であり，利子補給金*2，出資金*3，借入金の形で国費および地方費の助成などが行われている．

一方，地方単独事業は，地方公共団体が独自の財源（地方費）のみで実施する道路事業である．

このように，わが国の道路事業は，国費，地方費，財政投融資資金などにより進められている．

国費と地方費には，使途が定められない財源から充当される一般財源とともに，道路整備のみに用いられる道路特定財源が使われてきた．

しかしながら，道路整備や財政問題などの議論をへて，この道路特定財源については平成20年度で廃止され，21年度からはこれらの諸税は一般財源化されている．

---

*1　財政投融資資金：郵便貯金，厚生年金や国民年金の掛け金などを原資とした資金運用部資金や政府保証債・政府補償借入金などの資金であり，有料道路事業関係公団や政府関係金融機関などに融資されている．
*2　利子補給金：出資金と併せて有料道路事業の借入金の調達コストを一定水準に維持するための，国の道路整備特別会計からの補助金．
*3　出資金：国の道路整備特別会計から有料道路関係公団に支出される資金であるが，料金収入による償還の対象となる．公団の借入金の調達コストを低める機能を果たしている．

2 道路の整備

1 道路の整備計画

わが国の道路整備は，大正8年（1919年）の旧「道路法」の公布に始まるといえるが，日本の道路は明治以降の鉄道優先主義の影響による整備の遅れや，第二次世界大戦の戦禍により極めて低い水準にあった．昭和31年（1956年）に日本政府が，名神高速道路建設の調査のために招いたワトキンス調査団が，「日本に道路はない．道路予定地があるだけだ」と述べた話は有名である．

道路整備の遅れを取り戻すとともに自動車交通の増大に対応するため，昭和28年（1953年）に「道路整備費の財源等に関する臨時措置法」が制定され，揮発油税を特定財源とすることが定められた．

（a）道路整備五箇年計画と社会資本整備重点計画

本法に基づき，昭和29年度を初年度とする第1次道路整備五箇年計画が策定され，これが以降のわが国の道路整備水準の飛躍的向上の足掛かりになった．

道路整備五箇年計画については，平成10～14年度の第12次計画までが実施されてきた（付録・資料3参照）．

平成15年度からは，道路の五箇年間の整備計画も，国土交通省の9本の事業別長期計画を統合した「社会資本整備重点計画」（平成15～19年度）に含まれている．この中で，道路事業としては，① 暮らし（生活の質の向上），② 安全（安全で安心できる暮らしの確保），③ 環境（環境の保全・美しい景観の創造），④ 活力（都市再生と地域連携による経済活力の回復）を掲げ，「達成される成果」を数値目標として示している．

平成20年12月には平成20年度を初年度とする5箇年計画である「新たな中期計画」が取りまとめられた．これは，道路特定財源制度の廃止に際し，計画内容を「事業費」（金額）から「達成される結果」（アウトカム指標）へと転換するとともに，他の社会整備との連携を図り，第2次「社会資本整備計画」と一体化している．

この中で，今後取り組む具体的な施策として，① 活力（基幹ネットワークの整備，生活幹線道路ネットワークの形成，慢性的な渋滞への対策），② 安全（交通安全の向上，防災・減災対策），③ 暮らし・環境（生活環境の向上，道路環境対

策，地球温暖化対策），④ ストック社会への対応（安全・安心で計画的な道路管理，既存高速道路ネットワークの有効活用・機能強化）が示されている．

さらに平成 24 年 8 月には，前計画を 1 年前倒しで見直した，第 3 次社会資本整備重点計画（平成 24 年度〜28 年度）が閣議決定された．

この中では，以下のように三つの視点から今後取り組むべき課題を俯瞰し，社会資本整備に関する九つの政策課題を設定している．その上で，これらの課題を解決するための 18 のプログラムとして整理されている．その後，平成 27 年 9 月に第 4 次の計画（平成 27 年度〜32 年度）が策定された．

視点 1　安全・安心な生活，地域等の維持

【政策課題】	【プログラム】
① 国土の保全 ② 暮らしの安全の確保 ③ 地域の活性化	1　災害に強い国土・地域づくりを進める． 2　我が国の領土や領海，排他的経済水域等を保全する． 3　陸・海・空の交通安全を確保する． 4　広域的な移動や輸送がより効率的に円滑にできるようにし，都市・地域相互間での連携を促す． 5　社会資本の維持管理・更新を計画的に推進するストック型社会へ転換する．

視点 2　国や地球規模の大きな環境変化，人口構造等の変化への対応

【政策課題】	【プログラム】
④ 地球環境問題への対応 ⑤ 急激な少子・高齢化への対処 ⑥ 人口減少への対処	6　低炭素・循環型社会を構築する． 7　健全な水循環を再生する． 8　生物多様性を保全し，人と自然の共生する社会を実現する． 9　生活・経済機能が集約化された地域社会を構築する． 10　日常生活において不可欠な移動が，より円滑に，快適にできるようにする． 11　離島・半島・豪雪地域等の条件不利地域の自立的発展を図る．

視点 3　新たな成長や価値を創造する国家戦略・地域戦略の実現

【政策課題】	【プログラム】
⑦ 快適な暮らしと環境の確保 ⑧ 交流の促進，文化・産業振興 ⑨ 国際競争力の確保	12　健康で快適に暮らせる生活環境を確保する． 13　良好なランドスケープを有する美しい国土・地域づくりを進める． 14　国際交流拠点の機能を強化し，ネットワークを拡充する． 15　大都市におけるインフラの機能の高度化を図り，産業・経済活動のグローバル化に対応する． 16　我が国の優れた建設・運輸産業，インフラ関連産業等が，世界市場で大きなプレゼンスを発揮する． 17　個性的で魅力あふれる観光地域を作り上げ，国内外から観光客を惹きつける． 18　社会資本整備に民間の知恵・資金を活用する．

(b) 「国土形成計画」と「国土のグランドデザイン 2050」

道路整備計画の策定にあたっては，その上位計画である国土計画を踏まえてその骨格を決定してきている．国土計画では，昭和 37 年に閣議決定された「全国総合開発計画」以降おおよそ 10 年ごとに改定されてきており，最新では平成 20 年に決定された「国土形成計画」がある．この計画では目標年次をおおむね 10 年間とし，「多様な広域ブロックが自立的に発展する国土を構築し，美しく暮らしやすい国土を形成する」ことを基本目標としている．

一方で，2050 年を見据えて国土づくりの理念や考え方を示すために，平成 26 年 7 月に国土交通省が「国土のグランドデザイン 2050」を公表している．これは，本格的な人口減少社会の到来，巨大災害の切迫等の時代の潮流と課題を踏まえた，多様性と連携による国土・地域づくりを進めるために，「コンパクト＋ネットワーク」をキーワードとした目指すべき国土の姿を示している．

2 道路事業

道路事業は，道路計画，事業の執行，維持管理の三つに大別される．道路計画は各種調査や計画を踏まえて，概略計画の決定を行うことである．その後，事業の執行として環境影響評価（アセス法の手続き）を経て都市計画決定が行われ事業が着手される．工事を行う前には関係者への説明，測量，用地買収等が行われる．工事が完成すると，供用開始の手続きを経て，道路が使われることとなる．その後は，道路の状態を良好に保つための維持管理が行われる．

一連の流れを図 2・3 に示す．

(a) 道路計画

道路計画では，道路交通量調査，道路および交通現況の把握により，道路の基本構造（車線数，標準断面等）を計画する．その後，計画に応じた路線（ルート）を複数設定し各種比較検討のうえ最適路線を選定する（概略計画の決定）．

道路計画のフロー図を以下に示す（図 2・4）．

(b) 環境影響評価

概略計画が決定すれば，道路の種別や地域の状況に応じて環境影響評価（環境アセスメント）や都市計画決定の手続きを行うこととなる．

環境影響評価は，開発事業の内容を決めるに当たって，それが環境にどのような影響を及ぼすかについて，事業者自らが調査・予測・評価を行い，その結果を

2・2 道 路 の 整 備

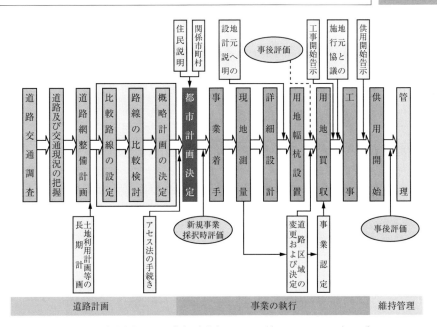

図 2・3 道路事業の流れ（国土交通省 HP http://www.mlit.go.jp/road/）

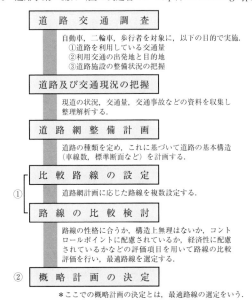

図 2・4 道路計画のフロー図（国土交通省 HP http://www.mlit.go.jp/road/）

公表して国民，地方公共団体などから意見を聴き，よりよい事業計画を作り上げていこうという制度である．

道路事業では，**表 2·3** に示すとおり，第一種事業（規模が大きく，環境影響の程度が著しくなる恐れがある事業で，環境影響評価が必須のもの）と，第二種事業（第一種事業に準ずる規模の事業で，環境影響の程度が著しいものになるかどうかの判定を行う必要があるもの）を対象事業としている．

環境影響評価の手続きのフローを**図 2·5** に示す．

表 2·3 環境影響評価対象事業の種別（道路）

	第一種事業	第二種事業
高速自動車道	すべて	
首都高速道路等	4 車線以上はすべて	
一般国道	4 車線，延長 10 km 以上	延長 7.5 km 以上 10 km 未満
大規模林道等	2 車線，延長 20 km 以上	延長 15 km 以上 20 km 未満

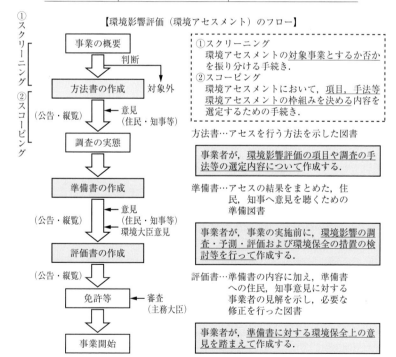

図 2·5 環境影響評価のフロー（国土交通省 HP http://www.mlit.go.jp/road/）

（c）　事業の執行

事業評価を経て新規事業として事業採択されれば，事業着手となり現地の測量や詳細設計を行う．これに基づいて，用地幅杭設置，用地測量・調査，用地交渉（協議）を経て用地買収を行うが，これらの過程では地元への説明が欠かせないこととなる．その後，工事計画説明を経て道路の工事が始まる．なお必要に応じて埋蔵文化財の調査や，設計の変更等が行われる．

工事が完成し，供用開始告示が行われた後に道路の供用が開始される．その後は，道路を良好な状態に保つために必要な維持管理が行われる．

3　主要な道路施策

1　道路施策の変遷

欧米諸国では，紀元前のギリシャ・ローマ時代からの馬車の利用を経て，19世紀後半から近代的な道路整備を進めてきた．一方日本では，馬車の利用が未発達のまま明治以降の近代化を迎え，さらに先の大戦での荒廃の中から本格的な道路整備が始まった．

その後，昭和30年代後半から始まった自動車保有台数と道路交通量の急激な増加に対応し，更なる社会経済発展のために，道路特定財源や有料道路制度などの道路を効率的に整備できるシステムを導入して道路整備が進められてきた．一方で道路交通の進展に伴い，渋滞，交通事故，環境などの多くの問題が生じた．

これらに対応するために，中長期的な道路整備計画に従って主要な道路施策立案され，その整備が進められてきている．

（a）　渋　滞　対　策

道路渋滞は，時間や燃料の損失をもたらすだけではなく，大気汚染などの環境問題や流通経費の増加などの多くの問題を引き起こす大きな国民的課題であり，その緩和・解消に向けての施策が進められてきている．**図2·6**は現在まで実施されてきた都市圏の渋滞対策を示している．道路交通の渋滞は，道路の交通工学的な容量を超えて道路交通需要が生じる場合に起こるので，渋滞の緩和・解消策は，交通容量拡大あるいは交通需要の調整に大別される．

第 2 章　道路の種類・管理と施策

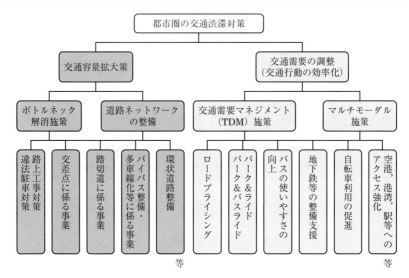

図 2・6　都市圏の交通渋滞対策（国土交通省 HP http://www.mlit.go.jp/road/）

　交通容量拡大は，高速道路，都市圏の環状道路，大規模なバイパスなどの道路ネットワークの整備と踏切の立体交差化による解消，交差点の整備などの部分的なボトルネックの解消施策に分けられる．さらには，信号制御の効率化，違法駐車対策や路上工事の規制，ETC や VICS などの ITS 活用による交通容量拡大などのソフト対策がある．

　交通需要の調整は，交通需要マネジメント（TDM）施策とマルチモーダル施策に大別される．TDM とは，時間・経路・交通手段の選択や交通行動（自動車の利用方法など）の変更により，道路交通混雑を緩和する手法のことで，具体的には，自動車通勤などの集中で引き起こされる朝夕のラッシュを，時差出勤・フレックスタイム・車の相乗り・通勤路の変更・ノーカーデーの促進などで緩和すること，また，パーク＆ライドやレンタサイクルで公共交通機関との連携を強化し，自動車と公共交通の利用割合を適正にすることなどが挙げられる．最近では上記の方法を取り入れて，既存の「道路を賢く使う」ことの重要性が指摘されている．

　マルチモーダル施策は TDM 施策の受け手としての公共交通，自動車交通のサービスレベルの向上を図る施策である．

（b） 環 境 対 策

道路整備にあたっては，特に関わりの深いものとして，沿道環境，地球環境，自然環境に関する対策がある（**図 2・7** 参照）．

図 2・7 道路整備に関わりの深い環境対策（国土交通省 HP http://www.mlit.go.jp/road/）

具体的な取り組みとしては，**表 2・4** に示すような道路施設や構造による対策が行われている．

一方で，自動車からの排出ガスは，走行速度が低いほど排出量が多くなる傾向があるので，バイパス，環状道路の整備やボトルネック解消などの渋滞対策を実施して自動車の走行速度を向上させ，自動車からの排出ガス（NOx，PM，CO_2）を減少させることができる．

これらの対策により大気汚染，騒音・振動等の沿道環境の改善が図れるととも

表 2・4 道路施設，構造による対策（国土交通省 HP http://www.mlit.go.jp/road/）

具体的な対策	効　果	対象とする環境問題
低騒音舗装（排水性舗装）の敷設	舗装面の工夫により自動車のタイヤからの走行音を小さくする	騒音
遮音壁の設置	道路と沿道との間の壁となる	騒音
環境施設帯の整備	道路と沿道との間の距離をあける（大気拡散，騒音等の距離減衰）	大気汚染，騒音・振動
街路樹の植樹	排気ガスの浄化や二酸化炭素の吸収に役立つ	大気汚染，ヒートアイランド，地球温暖化
法面の樹林化		大気汚染，ヒートアイランド，地球温暖化

に，地球温暖化，ヒートアイランド等の地球環境の改善にも寄与している．

（c）　バリアフリー，ユニバーサルデザイン*

「高齢者，身体障害者等の公共交通機関を利用した移動の円滑化の促進に関する法律」（交通バリアフリー法）および「重点整備地区における移動円滑化のために必要な道路の構造に関する基準」（道路移動円滑化基準，以下：円滑化基準）が平成12年11月に施行され，国の施策として道路のバリアフリー化が進められてきた．

その後，平成17年7月の「ユニバーサル政策大綱」では，「どこでも，だれでも，自由に，使いやすく」というユニバーサルデザインの考え方を踏まえ，今後，身体的状況，年齢，国籍などを問わず，可能な限り全ての人が，人格と個性を尊重され，自由に社会に参画し，いきいきと安全で豊かに暮らせるよう，生活環境や連続した移動環境をハード・ソフトの両面から継続して整備・改善していくという理念に基づき，政策を推進していくとしている．

具体的な道路整備においては，歩道など歩行空間が途切れている場合や，歩行空間の幅員が狭い場合などは，高齢者や障害者等の通行に支障となるので，歩行空間におけるユニバーサルデザインを進める必要がある．駅，商店街，病院，福祉施設等を連絡する道路においては，幅の広い歩道の設置や既設歩道の段差・傾斜・勾配の改善，道路空間と一体となって機能する歩行者通路や交通広場の整備等により，ユニバーサルデザインの歩行空間がネットワークとして連続的に確保できるような整備が進められてきている．

（d）　防　災　対　策

わが国は，国土面積では世界のわずか0.25％だが，大地震（マグニチュード6.0以上）の発生確率でみると約23％を占めている．また可住地面積の4分の1が軟弱地盤上にあるために，大地震による被害は大きなものとなる．

また，国土の大部分が急峻な地形なうえに，年間雨量が1690mmと多く，梅雨・台風によって豪雨災害が発生する危険性が高い．

さらには，国土の約60％が積雪寒冷地域でこの地域に人口の25％が暮らしている．この地域では冬季の気象条件により，豪雪に見舞われることも多く，交通の途絶等で大きな影響が発生する．

---

*　ユニバーサルデザイン…あらかじめ，障害の有無，年齢，性別，人種等にかかわらず多様な人々が利用しやすいよう都市や生活環境をデザインする考え方（障害者基本計画：平成14年12月14日閣議決定）

このような厳しい自然条件の中で，道路の防災対策が進められてきている．震災対策としては橋梁等の耐震補強，盛土・切土ののり面対策，軟弱地盤での液状化対策さらに津波を想定した道路かさ上げなどの防災対策が行われている．豪雨災害に対しては，のり面補強や土砂災害に対する対策工が行われているが，大雨の場合に事前に道路の危険区間を通行止にする対策も採られている．雪害に対しては，雪崩や地吹雪から道路を守る防雪事業や，冬季の円滑な道路交通を確保するための除雪事業が行われている．

2 道路ストックの老朽化対策

昭和30年代から40年代にかけての高度経済成長期に集中的に道路整備が進み，現在では市町村道から高速道路まで120万kmにわたる道路網が構築されている．高度経済成長期から40年～50年が経過しようとする現在，老朽化の目安となる建設後50年以上経過する道路構造物の割合は，国土交通省によると2m以上の道路橋の場合，平成24年現在16％であるが20年後には65％に，トンネルの場合，平成23年現在18％であるが20年後には47％に，それぞれ急増することが見込まれている．

人口減少，少子・高齢社会の到来，巨額の財政赤字という難題を抱える一方，東日本大震災を始め毎年災害に見舞われる我が国においては，防災対策・危機管理の面からも道路の役割が期待されており，真に必要な社会資本整備とのバランスを取りながら，戦略的な維持管理・更新を行うことが求められている．

（a） 老朽化対策の課題

直轄国道の維持修繕予算は最近10年間で約2割減少している．財政的な厳しさから，市区町村の約7割が新規投資が困難になることに加え，約9割が老朽化対策に係る予算不足による安全性への支障発生についての懸念を示している．

一方で，町の約5割，村の約7割で橋梁保全業務に携わっている土木技術者が存在しない．さらに，地方公共団体の橋梁点検要領では，遠望目視による点検も多く（約8割），点検の質にも課題がある．

（b） 対策の方向性

平成25年の道路法改正により，点検基準の法定化や国による修繕等代行制度の創設等を実施している．平成25年3月に「社会資本の老朽化対策会議」において「当面講ずべき措置」の工程表をとりまとめ，同年11月には関係省庁連絡会議に

おいて「インフラ長寿命化基本計画」が取りまとめられている．この中では，以下の方向性が示されている．

① メンテナンスサイクルを確定（道路管理者の義務の明確化）

国民が安心して使い続けられるよう，道路管理者がすべきこと（ルール・基準）を明確化するため，道路法に基づく点検や診断の基準を規定．

② メンテナンスサイクルを回す仕組みを構築

予算，体制，技術を組み合わせ，各道路管理者におけるメンテナンスサイクルを持続的に回す仕組みを構築．あわせて，道路の老朽化や取組みの現状，さらに各道路管理者が維持管理・更新に責任を有すること，必要な予算規模等について国民・利用者の理解と支持が得られるよう努めるべきである．

(c) **具体的な取組み**

具体的な取り組みとしては，以下の項目が取り上げられている．

- 橋梁，トンネル等については，国が定める統一的な基準によって，5年に1度，近接目視による全数監視を実施．
- 舗装，照明柱等構造が比較的単純なものは，経年的な劣化に基づき適切な更新年数を設定し，点検・更新することを検討．
- 緊急輸送道路上の橋梁や高速道路の跨道橋などの重要度や施設の健全度等から，優先順位を決めて点検を実施．
- 全国の橋梁等の健全度を把握し比較できるよう，統一的な尺度で，『道路インフラ健診』と呼べる健全度の判定区分を設定し，診断を実施．
- 損傷の原因，施設に求められる機能，ライフサイクルコスト等を考慮して修繕計画を策定し，計画的に修繕を実施．
- すぐに措置が必要と診断された施設について，予算や技術的理由から，必要な修繕ができない場合は，通行規制・通行止めを実施．
- 人口減少，土地利用の変化など，社会構造の変化に伴う橋梁等の利用状況を踏まえ，必要に応じて橋梁等の集約化・撤去を実施．
- 緊急措置が必要と判断されても適切な措置が行われていない場合等は，国が必要な手順を踏んだ上で地方公共団体に対し適切な措置を講じるよう勧告・指示．
- 直轄国道においては，点検・修繕を的確に実施するため，必要な予算を最優先で確保する．

- 点検を適正に実施している地方公共団体に対し，重要度や健全度に応じた交付金の重点配分や，複数年にわたり集中的に実施する大規模修繕・更新を支援する補助制度を検討する．
- 地方公共団体の三つの課題（予算不足・人不足・技術力不足）に対して支援方策を検討するとともに，都道府県ごとに『道路メンテナンス会議』を設置する．
- メンテナンス業務は，地域単位での一括発注や複数年契約など，効率的な方式を導入
- 道路インフラの現状や老朽化対策の必要性に関する国民の理解を促進するため，橋梁等の老朽化の状況，点検・診断結果や措置の実施状況等に関する情報を『道路メンテナンス会議』でとりまとめ．

4　道 路 と 情 報

1　道 路 と 情 報

　道路は，人や物を運ぶだけでなく，情報を伝達する機能をも有している．たとえば電話は，道路の上空や地下に電話線を設置しており，道路への依存度は高い．また，CATV（ケーブルテレビ）などのケーブルを使った新しい情報メディアも，ほとんどすべて道路を利用している．これは道路が全国ネットワークを形成する唯一の公共的な空間であり，有線の情報メディアは道路に依存せざるをえないのである．

　道路と情報については，次のような実施もしくは検討が進められている．

（a）　道路交通情報システムの充実

　道路管理者は，道路のパトロールを行うとともに，気象観測装置，監視用テレビカメラなどの機器により情報収集を行っている．それをもとに，道路情報板路側通信システムなどの装置やカーナビへの表示などにより道路利用者に情報を提供している（**図 2・8**）．

　さらに都市内および都市間の高速道路においては，リアルタイムの情報，所要時間などの情報の提供も行っている．また，グラフィックパネルやビデオテック

第2章 道路の種類・管理と施策

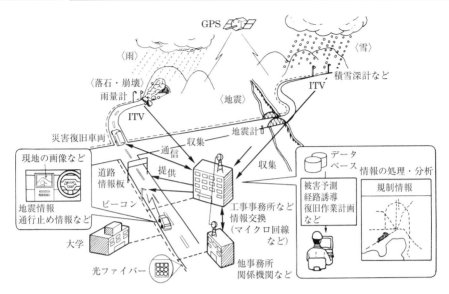

図 2・8 道路管理情報システム

図 2・9 情報ターミナル

2・4 道 路 と 情 報

スなどにより詳細な道路交通情報の提供を行う情報ターミナルをパーキングエリアなどに整備して，利用者の利便性の向上を図っている（図2・9）．

（b） 情報ハイウェイの整備

光ファイバー網などの情報通信基盤の整備により，高速大容量の映像を中心とする情報通信が本格化し，テレビ会議，在宅勤務，遠隔医療，遠隔教育などが可能となり，地域間の時間距離の制約が大幅に縮小する．

全家庭へ光ファイバー網を整備することが政府の基本方針として決定されており，この方針に従って，道路空間に民間の光ファイバーを敷設することが可能な空間（情報BOX[*1]，電線共同溝[*2]）の整備が進められている（図2・10）．

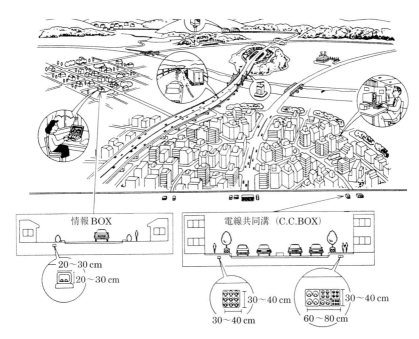

図 2・10 光ファイバー網の整備支援のイメージ

[*1] 情報BOX：道路管理の高度化を図るとともに，民間の全国的な光ファイバーネットワーク構築を支援するために，これらが敷設可能となるために道路に設置される空間．

[*2] 電線共同溝（C.C. BOX）：電力，電話などの電線類の地中化を進めるために，設置の可能性が高い区間において，道路の地下に電線を共同で収容するための施設．

2　高度道路交通システム

高度道路交通システム（Intelligent Transport System : ITS）とは，最先端の情報通信技術を用いて人と道路と車両とを一体のシステムとして構築することにより，各種道路交通情報の提供，自動料金収受，自動運転を実現し，交通事故，渋滞などの道路交通問題の解決を目的とするとともに，さらには環境保全にも大きく貢献する新しい画期的な道路交通システムである．

ITS は，ナビゲーションの高度化，ETC（自動料金収受システム），安全運転の支援など九つの開発分野から構成されている（図 2・11）．ITS の実現には，電子，情報，通信などの分野で革新的な技術開発が必要とされるため，新しい産業や市場の創出による大きな経済効果が期待されている．

ITS がもたらす効果として以下の項目が考えられる．

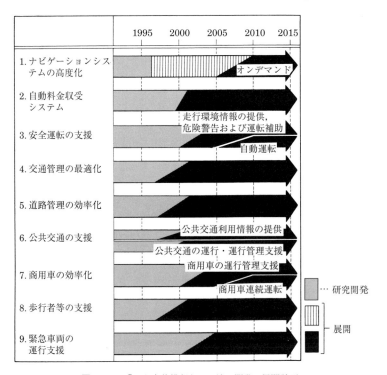

図 2・11　「ITS 全体構想」における開発・展開計画

2・4 道 路 と 情 報

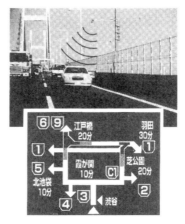

図 2・12　VICS（道路交通情報通信システム）

(1) リアルタイムの情報で，円滑・快適なドライブを実現：VICS*1 により渋滞情報や通行規制情報をリアルタイムで提供する（**図 2・12**）．また，ETC*2 の実用化により，有料道路の料金所での渋滞の解消に寄与するとともに，弾力的な料金設定が可能となり，ロードプライシングへの適用などが可能となっている．（**図 2・13**）．

(2) 自動運転技術の開発で，安全性の飛躍的な向上を実現：道路と車両の情報のやりとりにより，前方事故のドライバーへの警告，危険の自動回避，完全自動運転が可能となる．

(3) 輸送効率の大幅な向上を実現：トラックへの道路・交通情報の提供と物流センターの自動化・システム化により，集配業務の効率化を図る．

(4) 渋滞の解消で，環境の改善を実現：輸送効率の向上により渋滞を解消して，省エネ・省資源を実現する．

(5) システムの研究・開発・普及を通じた新たな市場の創設：車載機をはじめとして，電子，通信，情報，自動車分野などで 50 兆円規模の大きな新市場を創出する．

---

*1　VICS：Vehicle Information and Communication System（道路交通情報通信システム）のことで，道路の渋滞情報，所要時間，交通規制等をビーコンや FM 多重放送により車載のナビゲーションなどに提供するシステム．

*2　これからは「ETC 2.0」として，渋滞回避や安全運転支援等のサービスに加えて，ITS スポットを通して集約される経路情報などのビッグデータを活用した新たなサービスが展開されてきている．

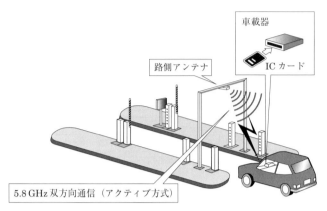

図 2・13　ETC のしくみ

3　スマートウェイ

　スマートウェイは，車やドライバー，歩行者など多様な利用者との間で情報のやりとりを可能とする道路であり，利用者の安全性や利便性の向上，円滑な道路交通の確保による環境保全など，多様な ITS サービス展開の基盤，さらには，快適で豊かな生活や社会の創出の基盤となるものである（**図 2・14**）．

　具体的には，路車間の通信システム，センサー，光ファイバーネットワークなどの必要な施設が組み込まれている道路であり，かつこれら施設を ITS の多様なサービスの提供に活用できるようにするしくみ（情報の共通利用や自由なやりとり支えるための各種の決まりなど）を総合的に備えている道路である．

　高度に先進化されたスマートカーと車のみならず高速大量の情報通信を可能とするスマートウェイの整備は 21 世紀にふさわしい新たな社会を構築する鍵になると期待されている．

2・5 道路の技術開発

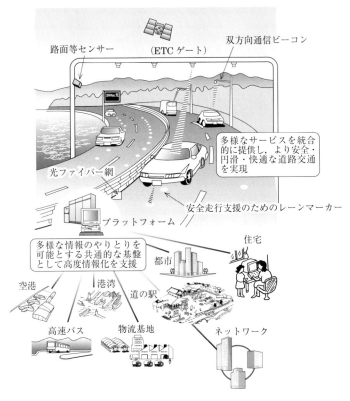

図 2・14　スマートウェイの概念図

5　道路の技術開発

1　道　路　技　術

　新たな技術の開発が新たな時代を生み，より豊かな社会を実現してきた．道路整備においても，明石海峡大橋をはじめとする本州四国連絡橋を実現可能とした橋梁技術，東京湾横断道路などの超長大トンネル技術などのほか，ナビゲーションの急速な普及を可能としたディジタル道路地図データベース技術などにより，新たな展開が可能になってきた（「付録・資料5」参照）．

以下，日本の道路整備を支えた道路技術の2，3を例示する．

(a) **超長大橋を実現可能にした技術**

海峡を横断するような長大橋を実現するには，厳しい自然条件のもとでの施工，下部構造の大型化，上部構造の長径間化や橋面舗装といった技術的課題を解決しなければならない．このため，耐震・耐風設計技術，高強度ケーブル材や高耐食性鋼材などの材料技術，台船とクレーンの一体化技術による大ブロック一括架設や大水深大型基礎などの施工技術，海底地盤調査用無人潜水機や海底岩盤仕上げ用大口径掘削機械，長大橋の鋼床版舗装などさまざまな分野における技術開発が行われた．

(b) **軟弱地盤の克服技術**

大都市臨海部を中心とする軟弱地盤地帯においては，基礎の沈下などにより大規模な土木構造物の建造が困難であった．しかしながら，大口径の鋼管杭やこれを打ち込む種々のハンマーの開発により，1962年に施工された琵琶湖大橋をはじめとして，東関東自動車道，首都高速道路など多くの土木構造物の施工が可能となった．また粉体噴射かくはん工法[*1]の開発により，大規模かつ急速な地盤改良が可能となるなど，各種の軟弱地盤改良工法の開発が大プロジェクトを支えている．

(c) **環境保全・省資源に貢献した舗装技術**

モータリゼーションの進展にあわせて，1950年代中期から道路の舗装延長は飛躍的に延伸されたが，このためには舗装の機械化施工やプラントの技術開発が必要であった．1970年代には車両の大型化，交通量の増大に伴うわだち掘れや摩耗対策として，改質アスファルト[*2]などの耐流動・耐摩耗性に優れた舗装材料が開発された．また，近年では省資源や舗装発生材の処分問題に対応して，プラント再生舗装工法，路上再生路盤工法，路上表層再生工法などのリサイクル工法[*3]も開発され全国に普及している．

さらに，排水性舗装の開発により，自動車走行の安全性の向上のみならず，沿道騒音の低減に寄与している．

[*1] 粉体噴射かくはん工法：軟弱地盤の処理工法の一つで，セメントや石灰を軟弱地盤中に噴射して，これらをかくはん混合して地盤の強度を強めるもの．

[*2] 改質アスファルト：舗装用石油アスファルトの性質を改善したアスファルト．セミブローンアスファルト，ゴム・熱可塑性エラストマー入りアスファルトなどがある．

[*3] リサイクル工法：舗装の維持修繕工事に伴って発生する舗装発生材を，道路舗装に再利用するための工法で，プラントで再生するプラント再生舗装工法と，現位置で再生する路上再生工法に大別される．

2　技 術 基 準

　道路の構造は，地形，地質，気象などの自然条件や，交通状況に対して安全であるとともに，安全かつ円滑な交通を確保できるものでなければならない．このため「道路法」では，道路の構造の技術的基準は政令で定めるとしており，「道路構造令」により，道路の幅員，線形，路面などについての技術的基準を定めている．さらに，橋梁，トンネル，舗装などの主要な工作物は，その構造強度について必要な技術的基準が政令や通達により定められている．

　道路に関する技術基準については，従来は，必要な材料や寸法，品質などを規定（仕様規定）するものが多かったが，最近では，公共工事の品質確保とコスト縮減を図るためには，優れた新技術を採用しやすい環境を整備することが重要であり，構造物等に必要な強度，耐久性などの性能を定めた規定（性能規定）への移行が進んでいる．

3　今後の技術開発

　今後とも，日本の道路整備が進展し続けるためには，新技術の絶えざる開発が必要であるが，特に以下のような課題に対する取組みが重点的に行われている．
(1) 道路防災に関する技術開発：構造物の耐震性向上や耐震診断技術，岩盤の崩落予知や道路法面対策工法などの技術
(2) 道路環境対策のための技術開発：沿道環境を改善するための新型遮音壁や低騒音舗装などの技術
(3) 建設コスト縮減に資する技術開発：施工の自動化や省力化工法，構造物の長寿命化や維持管理費用の低減に役立つ技術
(4) 高度道路交通システムの技術開発

演 習 問 題

1　都市内の道路で渋滞が多く発生する区間を調べ，その対策について論ぜよ．
2　身近かの道路を取り上げて，その種類，管理主体を調べるとともに，道路ネットワークの中での役割を論ぜよ．

道路交通

第3章

交通渋滞の現況

　交通は，移動の主体である人と物，道路・線路・海・河川・湖沼・空中などの交通路，自動車・鉄道車両・船舶・飛行機などの交通具と，それを操る運転者の四つの要素から成り立っている．
　これらの要素で構成される交通は，道路，鉄道，水運，航空の四つに分類されるが，この中で道路交通の最大の特徴は from door to door の利便性にあって，すべての交通は道路交通と併せてこそ完結するといっても過言ではない．
　本章では，自動車による道路交通の基本的な事項と，道路の新設や改良などの道路計画を行うための調査方法について述べるとともに，道路交通システムの現況と将来について概説する．

1 道路交通

1 人と自動車

(a) 人（運転者，歩行者）

運転者は主に目によって走行中の現象をとらえ，その現象に対応した操作を行うことで安全に走行している．このように，ある現象を知って動作するまでの反応は，心理学的には知覚，理解，情緒および決断の四つの過程を経ている．

すなわち，ある現象を感知したら，それを脳に伝え理解するとともに，過去の経験や知識と総合され情緒となり，最後に動作意思となって実行される．

このように，感知から実行に至る 4 段階に要する時間は，簡単な現象の場合で 0.14～0.5 秒，複雑な場合は 3～4 秒が必要とされる．一例として，走行中に前車の制動などを知覚してブレーキを踏み込むまでの時間は，足を移動するまでの反応時間として約 0.4 秒，実際に制動が利き始めるまでに約 0.4 秒かかる．したがって，制動を実行するまでの反応時間は，0.8 秒に余裕時間を加え通常 1 秒としている．

さらに，ある現象や物の存在の認識には，運転者の視覚と視力，あるいは走行速度などによる影響を受けるとともに，道路標識などは角度・形および相対位置，あるいは明度の差，光の変化などが，運転者の判断能力に深く関係する．

(b) 自動車

自動車は，一般にガソリンなどを燃料とするエンジンの駆動力によって走行するが，現在は大気汚染などの環境に配慮した電気，あるいは電気とエンジンなどを組み合わせたもの，また燃料電池をエネルギー源とした自動車が研究開発され，実用化され始めている．自動車は走行に際して，いろいろな抵抗（走行抵抗）を地形，路面，空気などから受けている．

(c) 自動ブレーキ機能

わが国では，平成 10 年に自動車基準の国際調和，相互承認の推進のため「車輌等の形式認定相互承認協定」に加入後，最近では衝突被害軽減ブレーキシステム AEBS（Autonomous Emergency Braking System）等の自動制御が国土交通省告示改正により認められたことから，今後更に研究が進むものと考えられ，先に

示した人と自動車の関係も,安全面を軸に大きく変貌することが考えられる.

(d) 走行抵抗

自動車が走行時に受ける抵抗で,ころがり抵抗 R_r,勾配抵抗 R_s,加速抵抗 R_a,空気抵抗 R_e があり,その総和で表される.

$$R = R_r + R_s + R_a + R_e = W\left\{\mu_r + \sin\theta + \frac{a}{g}\right\} + \mu_e \cdot F \cdot v_a{}^2 \text{[N]}$$

(1) ころがり抵抗 自動車が走行するときに路面とタイヤとの間に生ずる抵抗で,自動車の重量に比例する.したがって,ころがり抵抗 R_r [N] は,自動車の重量を W [kg] とすれば,次式で表すことができる.

$$R_r = \mu_r \cdot W$$

μ_r はころがり抵抗係数で,タイヤと路面の種類あるいは状態によって異なるが,一般には表3・1のような値となる.さらに,走行速度によってもころがり抵抗は図3・1に示すように変化する.

表3・1 自動車の転がり抵抗係数 μ_r の値

路 面	タイヤ新・タイヤ旧
土 道	0.050〜0.150
砂 道	0.150〜0.300
砂 利 道	0.020〜0.040
コンクリート	0.015〜0.025
アスファルト	0.010〜0.020

(2) 勾配抵抗 これは図3・2に示すように,重量 W [kg] の自動車が水平面と θ [°] をなす坂道を登る場合に生ずる抵抗 R_s [N] で,自動車重量の路面に平行な方向成分 $W\sin\theta$ として表される.

$$R_s \fallingdotseq W\sin\theta$$

勾配 $\tan\theta = i$ とすると,θ があまり大きくない場合には $\sin\theta \fallingdotseq \tan\theta = i$

したがって

$$R_s \fallingdotseq W \cdot i$$

勾配が X [%] で表されているとき

$$R_s = \frac{W \cdot X}{100}$$

(3) 加速抵抗 自動車が加速するとき,慣性のために受ける抵抗を加速抵抗という.自動車の重量を W [kg],加速度を a

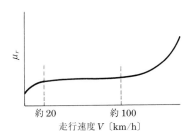

図3・1 速度によるころがり抵抗の変化

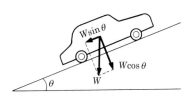

図3・2 勾配抵抗

〔m/s²〕，重力加速度を g〔m/s²〕とすれば，自動車の速度を増加するために受ける抵抗 R_a〔N〕は

$$R_a = \frac{W}{g} \cdot \alpha$$

$$\frac{\alpha}{g} \cdot W(1+\varepsilon) \qquad \varepsilon : \Delta W/W$$

W：総重量，ΔW：車輪，歯車などの回転部分の重量

で表される．

（4）**空気抵抗** 高速で走行する自動車は，空気との摩擦によって表面抵抗と形状抵抗を受ける．前者は物体の表面に沿って生ずる抵抗で，表面の広さ，粗滑の程度によって異なる．また後者は，物体が動くとき，周囲の気流に変化を起こし，渦を生じて負の力が働くためである．

一般の自動車の受ける空気抵抗 R_e〔N〕は，車体前面の投影面積および速度の2乗にほぼ比例する．したがって次式で表される．

$$R_e = \mu_e \cdot F \cdot v_a^2$$

ここで，μ_e：空気抵抗係数〔N·s²/m⁴〕（**表3·2**）
F：進行方向に直角な面に対する自動車の前面投影面積〔m²〕
v_a：車の空気に対する相対速度〔m/s〕

表 3·2 空気抵抗係数 μ_e の値

自動車の種類形式	μ_e
理想的流線形	約 0.0039
特に注意して流線形にした乗用車・スポーツカー	約 0.015
普通の乗用車で流線形に近いもの	約 0.025
乗用車（箱型）	約 0.032
乗用車（ほろ型オープン）	約 0.043
トラックなど突起物や角の多いもの	約 0.045

2 交通現象

道路の設計にあたっては，道路を利用する歩行者や車両の複雑な動きである交通現象の基礎的な特性を十分に把握しておかなければならない．すなわち，道路施設の物理的条件および交通の管理・運用方法が交通流に与える影響などを総合的に調査し，これらの現況を把握するとともに，将来予測を行ったうえで，交通現象を検討する必要がある．

3・1 道路交通

(a) 交通流 (traffic stream)

交通流とは，同じ方向に進行している歩行者や車両の交通をいう．歩行者の流れと車両の流れは，進行速度が大きく異なるため区別して取り扱われ，一般に交通流としては車両の交通を対象としている．道路の合理的な交通運用を実施するためには，道路上を走行する自動車の流れを解析することが必要である．

従来からよく利用されてきた交通流の解析法を以下に示す．

(1) **確率論的方法**　　最も多く用いられている方法で，交通流を一つの数学的モデルとして表現し，これを数学的に取り扱うことによって，確率的または決定論理的解を得ようとするものである．例えば，車の到着間隔を確率として表現して，車頭時間 (p.60 参照) の分布を用いて解析する．

(i) **交通流とポアソン分布**　　道路上のある地点を短時間に通過する車や歩行者，あるいは駐車場に出入りする車などの交通流の分布状況はポアソン分布 (Poisson distribution) によく適合することが，多くの観測によって確かめられている．

この方法は，高速道路のゲート数の計算あるいは駐車場への車の到着分布の解析などに利用されている．しかし，交通流は，交通条件，走行上の拘束などにより影響されるため，適用にあたっては十分な検討が必要である．

(ii) **車頭時間の分布**　　車頭時間 (headway) の分布は指数分布で表され，横断歩道の設置の検討や交通流のシミュレーションを行う場合の交通の発生などの検討に利用される．

この方法は交通量が比較的少ない場合によく適合するが，交通量が多い場合はアーラン分布などがよく適合するとされている．

(2) **流体学的方法**　　この方法は，交通流を圧縮性流体として取り扱う理論で，交通量と交通密度あるいは交通量と平均速度との間の経験式を仮定し，流体の連続方程式を解くものである．

交通量が多くなると，個々の車の動きに注目するよりも，短時間内に通過する車全体の動きを解析したほうが，交通の流れをより的確に把握できる．

しかしこの理論は，車が"渋滞直前の状況で連続走行している"交通流に適用が可能であるが，個々の車が自由走行状態にある場合の解析には適用できない．

(3) **動力学的方法**　　流体学的取扱いは，交通流全体を巨視的にとらえ，密度の伝搬という現象で交通流の変化を説明するもので，個々の車両の状態にはな

んら触れていない．

これに対して，動力学的方法はすべての車が追従状態で走行しているような高密度の交通流を対象とし，まずその1台に着目し，前後の車の速度変化の相互関係について仮定条件を設定し，これをもとにして交通流全体の動向を計算しようとするものである．この方法は，トンネル内の追従現象などの特殊な交通流の解析に利用されている．

(b) 交通流の特性

道路を走行する車両の交通流は，速度，交通量，車間距離，追越し，車団あるいは織込みや合流など，種々の要因によって性格は異なるものとなる．以下に交通流に与える要因について述べる．

(1) 速　度　　速度は距離と時間の関係によって求められるが，ここでは，交通工学で取り扱われている速度について説明する．

交通流中を走行する個々の自動車の速度はいろいろな形で測定され，次のように分類できる．

(ⅰ) **地点速度**(spot speed)　車がある地点を通過するときの瞬間速度で，道路設計あるいは交通規制などに用いられる．

(ⅱ) **走行速度**(running speed)　車が走行した距離を実際に走行に費した時間（停止時間は含まない）で除した値．

(ⅲ) **区間速度**(over-all speed)　車が走行した距離を所要時間（停止時間，渋滞などによる遅延時間を含む）で除した値．

(ⅳ) **運転速度**(operating speed)　実際の道路条件および交通条件のもとで，その道路区間を設計速度を超えることなく保持できる最高の区間速度．

(ⅴ) **設計速度**(design speed)　車の安全走行をもとに，種々の道路条件によって決定される最高速度で，道路構造の設計基準として用いられる．

(ⅵ) **臨界速度**(critical speed)　その道路の最大交通容量における速度．

(ⅶ) **自由速度**(free speed)　他の交通の影響がない場合に運転者がとる速度．

(2) 平均速度

(ⅰ) **時間平均速度**(time mean speed)　道路上の一地点をある時間内に通過する全車両の地点速度の平均で，交通量に対応するものである．時間平均速度 $\overline{v_t}$ は

$$\overline{v_t} = \sum_{i=1}^{n} v_i \cdot q_i / Q$$

$$Q = q_1 + q_2 + \cdots + q_n = \sum_{i=1}^{n} q_i$$

ここで，v_i：各車両の地点速度，q_i：v_iに対応する交通量，Q：全体の交通量
（ii）**空間平均速度**（space mean speed）　道路上の一定区間（単位区間）をある時間内に通過する全車両の速度の平均で，交通密度（traffic density）に対応するものである．いま交通量q_i〔台/h〕で，速度v_i〔km/h〕として考えると，それらの車の間の車頭時間は$1/q_i$〔h〕である．この平均車頭時間の間に走行する距離はv_i/q_iとなる．$k_1, k_2, \cdots, k_n$を一定区間内の速度の違う交通流の交通密度とすると，このときの空間平均速度$\overline{v_s}$は

$$\overline{v_s} = \sum_{i=1}^{n} v_i \cdot k_i / k$$

ここに，$k = k_1 + k_2 + \cdots + k_n$とする．
また，交通量，密度，速度の関係から$v_i \cdot k_i = q_i$であり

$$\overline{v_s} = \sum_{i=1}^{n} q_i / k = \frac{Q}{k}$$

（3）**交通量**（traffic volume）　交通流を表現するときには，交通量と交通密度が考えられる．交通量とは，道路の一断面を単位時間に通過する車の台数をいい，交通密度とはある瞬間における道路の単位区間上に存在する車の台数で，台/kmの単位で表される．そして，すべての車が同一速度であると仮定すれば「速度＝交通量/交通密度」の関係にある．

このような交通量を表す単位としては，24時間の交通量，昼間12時間（午前7時から午後7時），または夜間12時間の交通量，1時間の交通量を測定し，それぞれ日交通量（台/日），昼間（夜間）12時間交通量（台/12 h），時間交通量（台/h）などが一般に用いられている．

主な交通量の中で多く利用されるものには次のようなものがある．

（i）**30番目時間交通量**（thirtieth highest hourly volume）　1年間の時間交通量を多い順から並べたときの30番目の交通量で，将来のこの値を予想して，道路の設計時間交通量とすることが多い．これは，年平均日交通量と時間交通量との関係から容認できる混雑時間を最小限にとどめ，しかも経済的な設計を行うためである．

（ⅱ）**年平均日交通量**（annual average daily traffic）　ある地点の年間の全交通量を年間日数で除した値で，路線計画にあたっての着工順位を決める資料などに用いられる．また，交通量は時間によって変動し，一般の道路では午前と午後にそれぞれ1回のピークを示す．ピーク時の時間交通量が日交通量に対する比率は，道路の計画や規制を行ううえで重要な要因である．

日交通量は週間，月間，年間を通じて変動し，その変動は道路の特性によってかなりの差があり，週末に急増する行楽地への道路や，逆に週末に急激に減少する産業道路などがある．また月間変動は5, 6, 10, 11月がほぼ年間の平均となり，季節変動はその地域の性格によって異なるが，冬期に最小，夏期に最大となる例が多い．

（4）**交通密度**（traffic density）　ある瞬間に，道路の単位区間（通常は1 km）に存在する車両の数を交通密度という．一般的に，交通量，平均速度，交通密度の間には，**図3・3～3・5**のような関係があるとされている．

（5）**車頭間隔**（space headway）　同一車線を走行している車両の前端から，これに追従している車両の前端までの間隔を車頭間隔といい，距離で表す場合を車頭距離，時間で表す場合を車頭時間という．

一般に道路の交通容量 N〔台/h〕は，車両の走行速度を V〔km/h〕，車頭距離を S〔m〕とすれば

$$N = \frac{1\,000\,V}{S}$$

で表され，また，車頭時間を T〔s〕とすれば

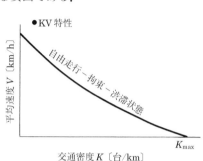

図3・3　平均速度と交通密度の関係

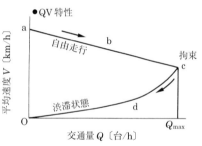

図3・4　交通量と平均速度の関係

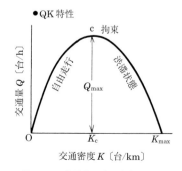

図3・5　交通量と交通密度の関係

$$N = \frac{3\,600}{T}$$

で表される（一般に T は 2 秒前後の場合が多い）．

　また走行中は，前車が停車あるいは減速したとき，後続車が完全に停車あるいは減速するために必要な最低限の車頭間隔を保たなければならない．これを限界車頭間隔という．なお，車頭間隔は交通容量を求めるために必要な値である．

　（6）　**追越し**（overtaking）　　交通流内を走行する車が，自車の速度を維持するため，先行車を追い越す現象が生ずる．これは交通流の内部現象として重要なもので，追越しが種々の原因により拘束された場合，交通流全体として速度の低下あるいは渋滞の原因となる．

　（7）　**車　団**（platoon）　　低速車あるいは一時の減速などにより，交通流が乱れ，いくつかの車の群を形成する場合がある．これを車団あるいは車群という．この現象は信号交差点の信号周期，トンネル入口部，道路のサグ部，事故見物あるいは登坂部での減速によって起こる場合が多い．通常，車団波内では限界車頭間隔に近づき，追越しは困難である．

　（8）　**織込み**（weaving）　　織込みとは，ほぼ同じ方向に流れる二つ以上の交通流が連続的に合流（merging），分流（diverging）を行い，相手の流れを横切る現象である．また，この区間を織込み区間（weaving section）という．

　織込み区間は，交通流にとってボトルネックとなることが多く，接触，衝突事故などが発生しやすい危険区間である．したがって，この区間では交通流中に生ずる摩擦をできるだけ少なくし，交通流を円滑にすることが，交通量の増加と同時に安全性の確保のために必要である．

3　交　通　容　量

　道路の交通容量とは，ある状況のもとで交通を通すことができる道路の能力をいう．通常は時間交通容量〔台/h〕で表され，道路交通の利用，計画，設計および運用の基本となるものである．

　道路の交通容量は，道路の物理的な構造形状および交通状況によって異なるが，次の三つに分類される．

　（1）　**基本交通容量**（basic capacity）　　理想的な道路状態および交通条件下において，車線（1 方向 2 車線以上の道路の場合）または道路上の一断面（2 車線

道路の場合）を1時間に乗用車が通過しうる最大数をいい，道路の交通量を算定する基本となる．

理想的な交通条件とは，道路幅員（3.5m以上）および側方余裕（1.75m以上）が十分に確保され，平たんで線形が十分良好であり，交通流が乗用車のみから成っていること等をいう．

（2）**可能交通容量**（possible capacity）　道路の基本交通容量に車線幅員，側方余裕，大型車および沿道条件の影響を補正して求められる．

（3）**実用交通容量**（practical capacity）　一般の道路状況のもとで，運転者が自由に走行できる交通密度で，車線または車道の一断面を1時間に通過しうる車両の最大数をいう．

道路の実際の交通容量は，多くの観測を行い，図3・3，図3・4，図3・5に示す K-V 特性，Q-V 特性あるいは Q-K 特性から推定する．

また道路を計画・設計する場合に用いる交通容量を設計交通容量という．

（4）**設計交通容量**（design traffic capacity）　道路を計画・設計する場合に用いる交通容量で，その道路に要求される計画水準（サービス水準）を設定し，その計画水準に対応する最大交通量として求められる．これは，可能交通容量をその道路の種類，性格，重要度などに応じて補正し，規格が高水準で重要な道路ほどその容量に余裕をもたせる．

交通容量には，1) 単路部，2) 信号交差点，3) 分流部および合流部，4) 折り込み区間の交通容量がある．ここでは1),2) について説明する．

（a）**単路部の交通容量**

基本交通容量は，次のような道路と交通の条件のもとで得られる．

(1)　車線幅員が3.5m以上，側方余裕が1.75m以上である．
(2)　縦断勾配，曲線半径，視距などの線形条件が，交通容量時の速度に影響を与えない．
(3)　交通流は乗用車が設計速度内で自由走行でき，車両，歩行者による側方干渉がない．

また，(1),(2),(3) の条件が満たされない場合には，交通容量は補正しなければならない．たとえば，連続的な走行ができる場合でも，路地からの車両の流入や沿道利用による摩擦などにより交通容量は減少する．また，大型車の混入がある場合は，通過できる自動車台数が減少するため，その影響を考慮しなければなら

ない．さらに動力付き二輪車や自転車の混入は，実用交通容量を低下させるので，補正が必要となる．

(b) 信号交差点の交通容量

信号交差点がある道路は，交通の流れがそこで中断されるため，交通容量は交差点で決まる．信号交差点では，各流入部とも信号1サイクル中の青時間のみによって通行できる．

信号交差点の計画・設計・評価は，各流入部ごとに必要青時間比を求め，信号の表示パターンで得られる交差点全体の必要な青時間比に基づいて行われる．

また，交差点は，直進車，右左折車とともに歩行者が利用するため，これらが相互に干渉してさらに交通容量は低下する．このほか車線幅員，縦断勾配などの道路条件や大型車の混入率も交通容量を低下させる原因となる．

2 交通調査

道路の新設や改良を行う場合には，事前に調査を行い，その必要性と効果について詳細に検討する必要がある．道路建設は，用地の取得や大気汚染，騒音など，経済問題あるいは環境などに関する条件も厳しくなっており，道路整備の計画立案にあたっては，PI（パブリックインボルブメント）等を行い社会のニーズを的確に把握しなければならない．

したがって，調査は，以下の項目に留意して実施する．

(1) 的確な調査目的，内容
(2) 科学的な調査，客観的な結果

表3·3に調査と計画の関連性について示す．

表 3・3 調査と計画の関係

調査 計画	一般経済調査	交通調査	道路現況調査	技術調査	材料調査	労務調査	価格調査
道路網計画	○		○				
路線選定	○	○	○	○			
建設計画		○	○	○	○	○	○
事業実施計画		○	○				
利用計画	○	○	○				

第3章 道路交通

1 現況調査

　道路の現況調査は，道路整備計画の立案，実施の必要性の判断，あるいは交通規制の運用の検討などの基本情報の資料となるものである．一般に行われる調査項目は以下のとおりである．

(1) 道路延長：① 実延長　② 改良・未改良別延長　③ 路面種類別延長　④ 幅員別延長　⑤ 橋梁・トンネルなど道路の構造別延長
(2) 幅員：車道，歩道，自転車道，自転車歩行者道，路肩，中央分離帯，路上施設帯，植樹帯
(3) 曲線半径：曲線半径，曲線長
(4) 縦断勾配：勾配，勾配長
(5) 路面の状況：路面の種類と状況（縦断凹凸，ひび割れ，わだち掘れ）
(6) その他の調査：交差の状況，建築限界，視距，排水および法面の状況

2 道路交通調査

　交通に関する調査は，道路交通の問題点の検討，将来の交通需要の予測などに用いられるもので，交通量調査，起終点調査，パーソントリップ調査，物資流動調査，交通事故調査などがあるが，交通渋滞，走行速度，駐車場現況なども重要な調査項目としてあげられる．

　（1）**交通量調査**（traffic count）　幹線道路や主要交差点を通過する交通量を方向別，車種別に調査する方法で，交通調査の中で最も広く行われる．一般に交通の分類は，歩行者，自転者，動力付き二輪車および自動車に分けられ，さらに自動車は軽乗用車，小型乗用車，普通乗用車，バス，軽トラック，普通トラックおよび特殊車に小分類される．

　理想的には24時間調査を行うのがよいが，経費，労力などの面から調査時間を短縮する場合が多い．

　交通量は曜日，季節，天候に影響されるため，一般に土・日・月曜日以外の天候の安定する時期に実施する．国土交通省が実施している全国交通情勢調査（道路交通センサス）は，主要道路で連続2日間，春期（6月）と秋期（10月）に観測が行われている．

　（2）**起終点調査**（origin destination survey）　OD調査は，自動車交通の

現状を把握し，将来の動向を推定するために行う．すなわち，自動車交通の出発地（origin）と目的地（destination）および車種と旅行目的，経路，乗車人数，積載荷物などを調査し，その結果は道路網計画，路線計画などの重要な資料となる．

調査は以下に示す方法による．
(1) 自動車の利用者に直接質問
(2) 車の所有者に面接で調査
(3) 駐車中あるいは対象区域を出入りする車の登録番号による調査
(4) 調査用葉書を運転者に配布し，郵送による調査
(5) 運転者に調査表を配布し，別の地点で回収する調査

起終点を正確に調べるためには(1)，(2)の方法が一般的で，特に(1)は地方部の幹線道路，(2)は都市圏の調査に用いられ，パーソントリップ調査でも用いられている．これらの結果は，個々の出発地ゾーン間の交通として車種別に集計され，OD表と呼ばれる表にまとめられる．

（3）**パーソントリップ調査**（person trip survey）　これは，人の動きを調査し，その流動状況，交通手段の選択，発生・集中の実態，移動の所要時間とそれらの要因を把握するために行う．

したがって，都市圏の総合的な交通計画の立案には欠かせない調査で，家庭訪問による方法が主となる．

（4）**物資流動調査**（goods movement survey）　これは，物の動きを把握することを目的にした調査で，事業所・商店・倉庫で直接，品目，数量，輸送手段，出発地および到着地と出発・到着時刻などを調査する．物資は各種の交通手段を複合的に利用して輸送されるために，物資の流動を出発地から最終到着地までを一つの流動と考える「純流動」と，積替えなどが行われるたびに別々の流動とする「総流動」とに区分した調査もある．

（5）**交通事故調査**（traffic accident survey）　交通事故は，運転者と車と道路が抱えるそれぞれの要因が複雑に関係して発生しており，個々の交通事故の原因を特定することは難しい場合が多い．しかし，ある一定期間に発生した事故を地点別に図表化することで，道路の構造上などの問題の要因分析に効果的な情報が得られる．

一般に調査は次の項目について行う．
(1) 事故状況：事故種別，発生日時，発生場所，天候

(2) 交通流の状況：交通量，自動車と自転車・歩行者の分離の有無など
(3) 構築物の構造：土工部，橋梁，トンネルなど
(4) 道路の幾何構造：幅員，見通し，勾配，曲線半径など
(5) 路面の状況：路面の種類と状態，路上の明るさなど
(6) 車両関係：種別，構造の概要，積載状況など
(7) 運転者：一般事項および運転状況

（6） **環境調査**(environmental survey)　道路では，交通量の増加と車両の大型化による騒音・振動などの周辺環境へ及ぼす影響が大きくなり，その対策が社会的な要請となっている．したがって，事前に環境保全対策とその効果を調査することが重要で，この調査は一般に環境アセスメント（environmental assessment）と呼ばれている．対象となる環境要素には，次のようなものがある．
(1) 生活環境：大気汚染，水質汚濁，騒音，振動，日照，電波障害など
(2) 自然環境：自然景観，動植物の生態など
(3) その他環境：文化財，歴史的建造物，古代遺跡など

これらについては事前調査に限らず，供用後も継続調査し，状況の変化などを把握して必要な対策を講ずる．

3　計画交通量の推計

道路計画は，一般に目標年次を 20 年後に置いて計画することが多いので，その地域の土地利用計画や社会的・経済的条件に基づいて推定される交通量が，円滑に通行できる計画でなければならない．道路計画にあたって検討を必要とする事項は以下のとおりである．

（a） 交通量推計

交通量の推計方法には，巨視的な推計手法と OD 表による総合的推計法がある．巨視的な推計法は，全国あるいは特定の地域全体の交通需要を予測する場合に適用される．また OD 表による推計法には，4 段階推定法，3 段階推定法を用いた方法などがある．道路計画には，一般に図 3・6 に示す 4 段階推定法が用いられる．

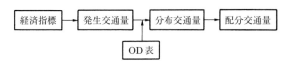

図 3・6　4 段階推定法

（b） 経済指標

経済指標として用いられる要素は，地域人口，就業者数，車種別自動車保有台数，工業出荷額，商業取引高，事業所数などが考えられる．

これらの地域の経済指標の推定法には，前記の要素の統計値から現在値のデータを挿入する時系列外挿法，各地域の時系列外挿値を人口発生交通量などの変化に応じて調整して推定する方法，あるいは将来の土地利用計画で各地域の指標を算定する方法などがある．

（c） 発生集中交通量の推定

計画対象地域の各ゾーンの発生集中交通量（trip end）の推定には，関数モデル法，交通成長率法などが用いられる．

関数モデル法は，ゾーンの発生集中交通量をゾーンの人口や経済活動の指標などを関数として扱う．

交通成長率法は巨視的集計法の一つで，自動車保有率の伸びと1台当りのトリップ発生率の関係から，交通の伸びを時系列的に予測するもので，地域ごとの発生集中交通量の対象地域の照査に使用される．

（d） 分布交通量の推定

分布交通量（trip distribution）とは，地域ごとの発生集中交通量を地域相互間のトリップとして分布させたものである．推定方法には，平均成長率法，デトロイト法などの方法がある．推定は，OD調査の結果得られた地域内交通量および地域相互間交通量と(c)で求められた将来の発生集中交通量を用いる．

（e） 配分交通量の決定とは

配分交通量（assigned volume）とは，上記(b)，(c)，(d)で推定されたOD交通量が，与えられた道路網上をいかに分布して流れるかを推定することである．この推定結果は道路網における将来の渋滞区間の推定や新設路線の必要車線数の算定を行うための基礎資料となる．配分交通量の決定は，一般に最短ルート法・最短時間法のいずれかが用いられる．

これらの方法によって計画路線の各区間交通量が推定されると，車線数，幅員の決定が可能となり，路線調査，路線選定の作業へと具体的に計画を進めることができる．

第3章 道 路 交 通

1. 自動車が走行時に受ける抵抗の種類をあげ，それぞれの特徴を述べよ．
2. 交通流の特性を表わすのに必要な指標を四つあげ，それぞれを説明せよ．
3. 設計交通容量について述べよ．
4. 次の術語について説明せよ．
   ① 設計速度，② 30番目時間交通量，③ 車頭間隔，④ OD調査，⑤ パーソントリップ調査，⑥ 基本交通容量，⑦ 可能交通容量

道路の設計

第4章

富士山を望む道路

　道路は，地域の地形，地質，気象，交通その他の状況を考慮して設計しなければならない．
　すなわち道路の構造は，その道路に求められる機能に対応したものとし，与えられた諸条件に応じて具体的に決定する必要がある．
　道路構造の技術的な基準は，道路法第30条に基づいて道路構造令によって規定されている．

第4章 道路の設計

1 道路の構造基準

1 道路構造令

　道路構造令は，道路整備を行う場合の道路の構造の一般的技術的基準を定めた政令である．すなわち，道路の構造を設計する場合に守らなければならない基準を網羅したもので，その内容は多岐にわたっている．

　道路構造令は1971年に施行されたが，その後数回の改正を経て現在に至っている．2001年には舗装構造の性能が規定され，同時に歩行者および自転車の通行空間および公共交通機関の通行空間を確保すること，緑空間の拡大と環境負荷の少ない舗装の導入が示された．

　2003年には，道路規格の緩和や地域実情に応じた道路構造の弾力運用として，乗用車用道路（小型道路）の導入，2車線の高速道路整備が行えるようになった．

　地域分権の議論から，平成23年のいわゆる「地域主権一括法」により，道路構造の技術的基準についても，設計車両，建築限界，橋・高架橋等の設計荷重を除き，道路構造令を参酌して当該道路の管理者である地方自治体が，地域の実情に合わせて条例で定めることとされ，条例による独自規定，運用が可能となり，既に多くの自治体が運用している．

2 設計車両

　道路の幅員構成，曲線部の拡幅，交差点設計，縦断勾配，視距などは，車両の寸法，性能などの諸元が基準となっている．わが国の道路を通行できる自動車の寸法，重量，性能は車両制限令によって次のように制限されている．

　　　長さ：12m以下　　　総重量：20t（指定道路25t）以下
　　　幅　：2.5m以下　　　軸　重：10t以下
　　　高さ：3.8m以下　　　輪荷重：5t以下
　　　最小回転半径：12m以下

　ただし，セミトレーラ連結車については，長さが16.5m以下，車両総重量が高速自動車国道では36t以下，その他の道路では27t以下とされている．

　道路の設計を行う場合，道路の構造基準における第1種，第2種，第3種第1級，

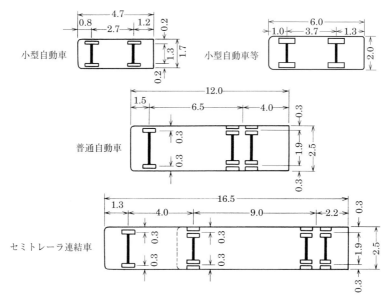

図 4・1　設計車両の諸元（単位：m）（道路構造令）

第4種第1級の幹線道路では**図 4・1**の小型自動車，セミトレーラ連結車，その他の道路においては小型自動車，普通自動車が安全かつ円滑に通行できるようにしなければならない．しかし，空間的制約などにより，都市内など普通道路の整備が困難な箇所において，渋滞対策などを目的に構造令第3条4項，5項を適用することで小型道路を整備することができる．

3　構造基準の適用区分

道の構造基準は，道路の存在する地域（地方部，都市部）と機能（設計速度，出入制限など）によって分類され，さらにその道路の計画交通量および通過する地域の地形などによって，適用規格が決定される．

道路の構造基準の適用区分を**表 4・1**に示す．

4　設計速度と設計区間

設計速度(design speed)は，道路設計の基礎となる自動車の速度で，曲線半径・視距・幅員などの設計に直接関係するものである．

第4章 道路の設計

表 4・1 構造基準体系の区分と適用（道路構造令）

地域	種別	級別	設計速度〔km/h〕		出入制限	計画交通量〔台/日〕				摘要
						30000以上	30000〜20000	20000〜10000	10000未満	
高速自動車国道および自動車専用道路	地方部 第1種	第1級	120	100	F	高速・平地				
		第2級	100	80	F・P	高速・山地	高速・平地			
						専用・平地				
		第3級	80	60	F・P		高速・山地	高速・平地		
							専用・山地	専用・平地		
		第4級	60	50	F・P			高速・山地	高速・山地	高速の設計速度は60のみ
									専用・山地	
	都市部 第2種	第1級	80	60	F	高速・専用				専用は大都市の都心部以外
		第2級	60	50/40	F	専用・都心				

地域	種別	級別	設計速度〔km/h〕		出入制限	計画交通量〔台/日〕					摘要
						20000以上	20000〜10000	10000〜4000	4000〜1500	1500〜500	500未満	
その他の道路	地方部 第3種	第1級	80	60	P・N	国道・平地						
		第2級	60	50/40	N	国道・山地	国道・平地					
						県道，市道・平地						
		第3級	60/50/40	30	N		国道・山地	国道，県道・平地				
							県道，市道・山地	市道・平地				
		第4級	50/40/30	20	N			国道，県道・山地				
								市道・山地	県道・山地 市道・山地			
		第5級	40/30/20		N					市道・平地 市道・山地		小型道路を除く
	都市部 第4種	第1級	60	50/40	P・N	国道						
						県道，市道						
		第2級	60/50/40	30	N			国道				
								県道，市道				
		第3級	50/40/30	20	N				県道			
									市道			
		第4級	40/30/20		N					市道		小型道路を除く

（注） 1. 表中の用語の意味は，次のとおりである．
　　　　　高速：高速自動車国道　　専用：高速自動車国道以外の自動車専用道路
　　　　　国道：一般国道　　県道：都道府県道　　市道：市町村道
　　　　　平地：平地部　　山地：山地部　　都心：大都市の都心部
　　　　　F：完全出入制限，P：部分出入制限，N：出入制限なし
　　　2. 設計速度の右欄の値は地形その他の状況によりやむをえない場合に適用する．
　　　3. 地形その他の状況によりやむをえない場合には，級別は1級下の級を適用することができる．

一系統の路線については，設計速度が一定していることが望ましいが，地形その他の条件によって，同一の設計速度を採用することが工費の増大を招き不経済となる場合には，区間によって設計速度を変えるほうが合理的である．

道路構造令によれば，設計速度は道路区分に応じ表4・1のようになっている．

設計速度が決定されると，その道路に適用すべき幾何構造の基準も定められる．このようにして決定された同一の設計基準を適用する区間を設計区間という．

この設計区間は，運転者の操縦性や快適性などを考慮して，**表4・2**に示すように最小の設計区間長が定められている．

表 4・2 設計区間長のおおむねの指針（道路構造令）

道路の区分	標準的な最小区間長	やむをえない場合に設計速度のみを下げる最小区間長
第1種，第3種第1級，第3種第2級	30～20 km	5 km
第2種，第3種第3級，第3種第4級	15～10 km	2 km
第4種	主要な交差点の間隔	

5 計画交通量

計画する路線を将来通行すると予想される自動車の日交通量を計画交通量という．これは，建設する道路の規模を決めるために重要な値である．

一般に供用中の道路の場合には，現在の交通量および過去数年間の交通量の伸びなどの状況を把握することで，将来の値を予想する．

また，新設道路の場合には，他の道路から転換が予想される交通量とともに，新しい道路の建設による沿道開発に伴って誘発される交通量も考慮する必要がある．特に大規模な工業団地，住宅団地の開発や自動車台数の増加傾向などは，計画交通量の推計値を大きく左右する要因となる．

これらの条件を十分考慮し，将来を見通した交通需要を予測したうえで，計画交通量を決定しなければならない．

第4章 道路の設計

2　横断面の構成

1　横断面の構成要素

　道路の横断面を構成する要素は，車線とその左端に設置する停車帯によって構成される車道，分離帯と側帯としての中央帯，路肩，自転車道，自転車歩行者道，歩道，植樹帯および副道である．図4・2に示すように，それぞれの要素を組み合わせて横断面が構成される．

　横断面の構成は，次の点に留意したうえで定める．
(1) 道路の機能に応じた横断面とし，設計速度が高く，計画交通量が多いほど規格の高い構成とする．
(2) 計画目標年次における交通需要を満たす交通処理能力を有すること．
(3) 交通の安全性と快適性の両面から検討を加える．必要に応じて，自転車お

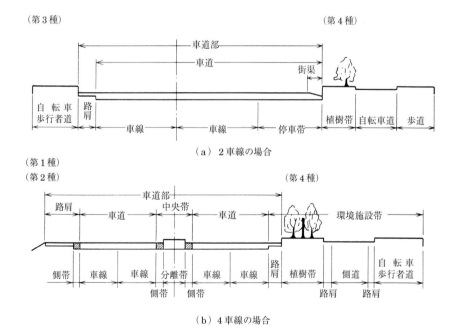

図 4・2　横断面の構成要素とその組合せの例（道路構造令）

よび歩行者を車道から分離する．
(4) 交差接続部の交通処理能力，交通処理方式，出入制限の方式などを関連させて検討する．
(5) 隣接する地域の土地利用の現状と計画を十分考慮して，生活環境の保全に配慮する．
(6) 道路の維持管理の合理化と景観に配慮する．

2 車道と車線

車道（roadway）は，主として自動車の通行に用いられる道路の部分であり，図4・2に示したように車線（traffic lane）と停車帯（parking lane）から構成される．

車線の幅員はすれ違い，追越しなどに対して余裕が必要で，設計速度が高い道路ほど広い幅員が必要である．車線幅員は**表 4・3**(a)に示すように規定されているが，交通量が少ない市町村道（第3種第5級，第4種第4級）の1車線道路は，車線単位ではなく車道の幅員を4m（やむをえない場合3m）と定めている．

車線数は，計画交通量（年平均日交通量）と設計基準交通量との関係から求める．設計基準交通量は，2車線道路については道路当り，多車線道路では1車線当りの日交通量で決められており，表4・3(b)のように定められている．

3 中央帯と路肩

中央帯（center strip）は，往復の交通量を分離し，余裕幅を設けることで多車線道路の安全性と快適性を保つために設ける施設であり，**図4・3**に示すように分離帯と側帯から構成される．

分離帯（separator）には，対向車と確実に分離するために分離用防護柵あるいは側帯に接続して縁石が設けられる．

側帯（marginal strip）は，車道の外側に一定幅に設置することで車道が明瞭となり，運転者に視線誘導の効果をもたらし，安全性を高めると同時に，側方余裕

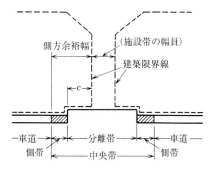

図 4・3 中央帯幅員と側方余裕幅および施設帯幅員の関係（道路構造令）

表 4・3

(a) 道路構造令による車線幅員

種 別	級 別		車線の幅員〔単位(m)〕
第1種	第1級		3.5
	第2級		3.5
	第3級	普通道路	3.5
		小型道路	3.25
	第4級	普通道路	3.25
		小型道路	3.0
第2種	第1級	普通道路	3.5
		小型道路	3.25
	第2級	普通道路	3.25
		小型道路	3.0
第3種	第1級	普通道路	3.5
		小型道路	3.0
	第2級	普通道路	3.25
		小型道路	2.75
	第3級	普通道路	3.0
		小型道路	2.75
	第4級		2.75
第4種	第1級	普通道路	3.25
		小型道路	2.75
	第2級及び第3級	普通道路	3.0
		小型道路	2.75

(b) 道路構造令における設計基準交通量

種 別	級 別	4車線以上の道路の1車線当り〔台/日〕		2車線道路の2車線合計〔台/日〕	
		平地	山地	平地	山地
第1種	第1級	12000			
	第2級	12000	9000	14000	
	第3級	11000	8000	14000	10000
	第4級	11000	8000	13000	9000
第2種	第1級	18000			
	第2級	17000			
第3種	第1級	11000			
	第2級	9000	7000	9000	
	第3級	8000	6000	8000	6000
	第4級		5000	8000	6000
第4種	第1級	12000		12000	
	第2級	10000		10000	
	第3級	10000		9000	

(注) 交差点の多い道路は，上表の値に，4車線以上は0.6を，2車線では0.8を掛ける．

4・2 横断面の構成

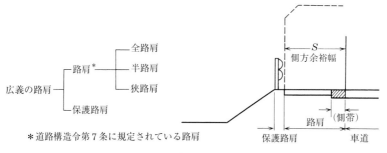

図 4・4 路肩の機能上の分類（道路構造令）

の一部となって，車道の効用を高めるものである．

車道に接続して**図 4・4** に示すような路肩(shoulder)が設けられるが，その機能は次のとおりである．
(1) 車道，歩道，自転車歩行者道に接続して道路の主要構造物を保護する．
(2) 故障車が本線から待避できるので，交通の妨げにならない．
(3) 側方余裕となって，交通の安全性と快適性が向上する．
(4) 路上施設および埋設物設置のスペースとなる．
(5) 維持・管理作業の有効なスペースとなる．
(6) 切土部などでは視距が増加する．

4 歩道，自転車道と自転車歩行者道

自動車，自転車および歩行者が同一の路面を使用する混合交通は，交通の安全上好ましくないばかりでなく，円滑な交通の流れが妨げられ交通容量の低下をもたらす．

歩道は，歩行者数 100 人/日以上，自動車交通量 500 台/日以上の場合に道路の両側に設けることを基準としている．しかし歩行者が少ない場合でも，自動車交通量が非常に多い場所や学童・園児の通学・通園路など，歩行者の安全と自動車の円滑な走行に必要と考えられる箇所には設ける．

歩道の幅員は，第 4 種第 1 級・第 2 級では 3.5m 以上，第 3 種および第 4 種第 3 級・第 4 級では 2m 以上とする．

自転車の交通量が多い道路では，自転車の通行を分離するために，自転車道を車道の両側に設ける．自転車道の幅員は通常 2m 以上とするが，設置場所などの

条件によっては 1.5m，トンネルや橋梁部などでは縮小することができる．

また，自動車の交通量が多い道路で，自転車および歩行者の通行を分離する必要がある場合には，車道の両側に自転車歩行者道を設ける．構造上は自転車道と歩道の境界をなくしたもので，自転車と歩行者の共用路面である．

5 副　道

副道は，車線数 4 以上の第 3 種または第 4 種の道路の盛土や切土区間で沿道との高低差が大きい場合，連続遮音壁などにより沿道への出入りができない場合など，必要に応じて幅員 4m を標準として図 4・5 のように設けられる．

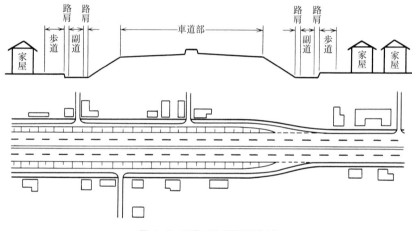

図 4・5　副道の例（道路構造令）

6 環境施設帯

環境施設帯は，道路交通に起因する騒音などの障害に対して，生活環境を保全するために設けるものである．住宅専用地域などで良好な住居環境の保全が必要な地域を通過する幹線道路の外側には，環境保全を目的とした植樹帯，路肩，歩道，副道などで構成された幅 10〜20m の環境施設帯を設ける．

7 建築限界

建築限界 (clearance) とは，自動車，自転車，歩行者の交通の安全を確保する

4・2 横断面の構成

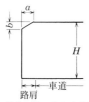

（a）一般の場合（トンネルまたは長さ50m　　（b）トンネルまたは長さ50m以上
　　以上の橋または高架道路以外）　　　　　　　　の橋または高架道路

（1）車道に接して路肩を設ける（歩道，自転車道などを有しない）道路の車道

 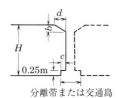

（2）車道に接して路肩を設けない道路の車道　（3）分離帯または交通島に設する車道の部分

（注）H：4.50 m（縮小値 4.00 m）
　　　a：車道に接続する路肩の幅員（路肩が1m以上の場合は1m）
　　　b：Hから 3.80 m を引いた値
　　　c, d：分離帯の場合は下表（単位：m）

道路の区分			c	d
第1種	第1級	普通道路	0.5	1.0
		小型道路		0.5
	第2級	普通道路	0.25	1.0
		小型道路		0.5
	第3級及び第4級	普通道路	0.25	0.75
		小型道路		0.5
第2種		普通道路	0.25	0.75
		小型道路		0.5
第3種			0.25	0.5
第4種			0.25	0.5

（A）車道の建築限界

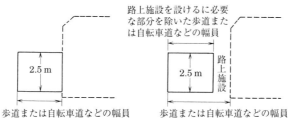

（a）路上施設を設けない場合　　（b）路上施設を設ける場合
（B）歩道，自転車道などの建築限界

図 4・6　道路の建築限界（道路構造令）

ために，ある一定幅，一定の高さの範囲内には，構造物を配置してはいけないという空間確保の限界である．したがって，この建築限界内には，橋脚や橋台はもとより，照明施設，信号機，防護柵，道路標識，並木，電柱などいかなるものも設置することはできない．

車道の建築限界は図 4・6(A) に，また歩道や自転車道については図 4・6(B) に示すように規定されている．

3 線形設計と視距

道路の線形とは，道路中心線を立体的に表したものである．この中心線の水平面への投影を平面線形といい，直線，円曲線，クロソイド曲線などによって構成される．また，この中心線を鉛直平面へ投影したものが縦断線形で直線，二次曲線が多く用いられている．道路の線形は，円滑で安全な交通の流れを確保するために極めて重要な役割をもっている．

1 平　面　線　形

（a）平面線形の要素と構成

平面線形 (horizontal alignment) は直線，円および緩和曲線によって構成される．緩和曲線は，直線から一定の曲率をもつ円曲線の間をスムーズに変化させながら移行するために挿入される曲線で，通常，クロソイド曲線が利用される．

道路の屈曲部は，これらの平面線形要素を組み合わせて曲線が形づくられて，自動車が安全に快適な走行ができるように設計される．

平面線形の基本的な構成には次のようなものがある．

（1）**単曲線**　　一つの円曲線だけを用いた曲線をいう．円曲線の両端をクロソイドでスムーズに直線と結んだ線形を基本型という（**図 4・7**(a) および (b)）．

（2）**複合曲線**　　同方向に曲がっている二つの円曲線を直接接合したものを複合曲線という．また，この二つの円曲線にクロソイドを挿入した線形を卵型という（図 4・7(c) および (d)）．

（3）**背向曲線**　　反対方向に曲がっている二つの円曲線を接合したものを背向曲線またはSカーブという．この二つの円曲線間にクロソイドを挿入した線形

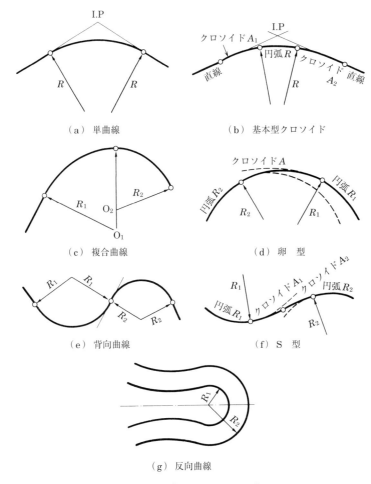

図 4・7 平面曲線の組合せとその名称

をS型という（図4・7(e)および(f)）．

（4） **反向曲線**　曲線部が図4・7(g)のような形の曲線を反向曲線，通称ヘアピンカーブともいい，山岳部の道路でよく用いられる．

（b）　**曲 線 半 径**

自動車が曲線部においても，直線部と同様に安定した走行ができるためには，設計速度に応じた曲線部の最小半径などが決められなければならない．

最小曲線半径は，道路の曲線部を走行する自動車に加わる遠心力などがタイヤ

と路面との摩擦の限度を超えないこと，あるいは乗り心地のよさを配慮して次のように定められる．

$$R \geqq \frac{v^2}{g(f+i)} \qquad (4\cdot1)$$

ここで，R：曲線半径〔m〕，v：自動車の速度〔m/s〕
　　　　g：重力加速度（$9.8\,\mathrm{m/s^2}$）
　　　　f：横すべりに対する路面とタイヤの摩擦係数
　　　　i：路面の片勾配（$=\tan\alpha$）

gに$9.8\,\mathrm{m/s^2}$を代入し，v〔m/s〕をV〔km/h〕とすると

$$R \geqq \frac{V^2}{127(f+i)} \qquad (4\cdot2)$$

すなわち，与えられた設計速度に対して横すべり摩擦係数と片勾配を定めれば，最小曲線半径が求められる．

式 (4·2) において，曲線半径 R と速度 V が一定の場合，i の値すなわち片勾配が大きければ，f の値は小さくてすみ，車内の人が感ずる横方向の力も小さくなり，乗り心地がよくなることになる．したがって横すべり摩擦係数は，路面とタイヤの摩擦抵抗と同時に，快適性も考慮して定める必要がある．

横すべり摩擦係数は，舗装の種類により $0.4 \sim 0.8$ 程度であるが，平滑な氷雪路面の場合は 0.2 よりも小さくなることもある．わが国では，f を $0.10 \sim 0.15$ の間の値として，設計速度に対応して図 4·8 に示すような値を用いている．

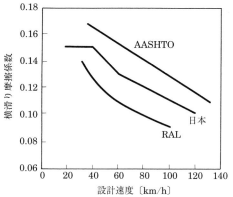

RAL：Richtlinien für die Anlage von Landstraβen

図 4·8　設計速度と横滑り摩擦係数（道路構造令）

また，片勾配 i は気象条件と地域条件によって，6%，8%，10% と3段階の最大片勾配が定められている．

以上の f と i の値を用いて，**表 4·4** に示すように各設計速度に対応する最小曲線半径を求めることができる．

表 4·4 最小曲線半径（道路構造令）

設計速度 〔km/h〕	横すべり 摩擦係数	最小曲線半径〔m〕				望ましい 値*2
		片勾配〔%〕				
		10	8	6	2*1	
120	0.10	570	630	710	—	1000
100	0.11	380	410	460	—	700
80	0.12	230	250	280	—	400
60	0.13	120	140	150	220	200
50	0.14	80	90	100	150	150
40	0.15	50	55	60	100	100
30	0.15	—	—	30	55	65
20	0.15	—	—	15	25	30

*1 横すべり摩擦係数は 0.15 として計算
*2 横すべり摩擦係数は 0.5〜0.6 として計算

（c）片勾配

道路の曲線部を走行する自動車が受ける遠心力に対しては，路面の片勾配（cant）および路面とタイヤの摩擦によって，安定した走行ができる．

しかしながら，設計速度よりも著しく遅い速度で走行する自動車は，片勾配によって曲線の内側へ向かおうとする．これに対応する不自然なハンドル操作，制動時の横滑りや凍結時の発進などを考えると，あまり大きな片勾配はつけられず，通常 10% を限界としている．特に寒冷地帯では，積雪や路面の凍結の影響を考慮すると，8% あるいは 6% を限度にすることが交通の安全上望ましい．

以上をまとめて，曲線部の片勾配の最大値を道路の種別と気象条件によって，**表 4·5** のように定めている．

各設計速度に対する曲線半径と片勾配の関係を**図 4·9** に示す．

（d）曲線長

自動車が道路の曲線部を走行中に，曲線長が短いと煩雑なハンドル操作が必要となり，安全な走行が損なわれかねない．また交角が小さい場合には，運転者の目には曲線長が実際の長さより短く見え，極端な場合には曲線が挿入されていて

表 4・5 曲線部の片勾配の最大値（道路構造令）

区分	道路の存する地域		最大片勾配〔%〕
第1種 第2種 および 第3種	積雪寒冷地域	積雪寒冷の度がはなはだしい地域	6
		その他の地域	8
	その他の地域		10
第4種			6

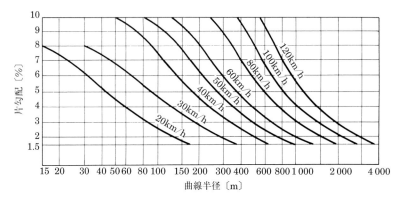

図 4・9 曲線半径と片勾配の関係（道路構造令）

も，まるで折れ曲がっているように感じられ，ハンドル操作を誤る場合も考えられる．

したがって，滑らかなハンドル操作で走行するためには，曲線部の通過時間が 6 秒以上となる曲線長が適当とされている．

このため道路構造令においては，各設計速度に対して 6 秒間の走行距離を算定して，交角が小さい場合の最小曲線長としている．

(e) **曲線部の拡幅**

車線の幅員は，車両の最大幅員 2.5 m と設計速度に応じて定められている．しかし，曲線部では図 4・10，図 4・11 に示すように，自動車の後輪は前輪と異なった経路をとり，前輪の内側を通る．したがって，直線部の幅員よりも広くする必要がある．拡幅量は，車輪の軌跡だけでなく車体の軌跡も考慮しなければならない．

表 4・6 は，道路の区分と曲線半径に応じた車線当りの拡幅量を示したものであ

4・3 線形設計と視距

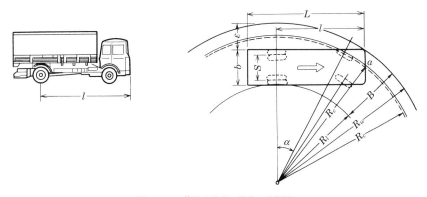

図 4・10　普通自動車の場合の拡幅量

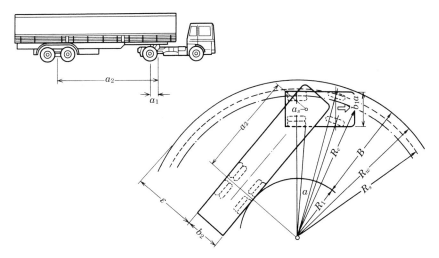

図 4・11　セミトレーラーの場合の拡幅量

る．ただし，第2種および第4種の道路において，地形の状況その他特別の理由によりやむをえない場合は，この限りではない．

（f）　**緩和区間および緩和曲線**

（1）　**緩和区間**　　自動車が道路の直線部から曲線部へ，または大円部から小円部へ滑らかに走行していくためには，運転者が円滑にハンドル操作ができるように曲率を徐々に変化させて，遠心力が急激に変化しないようにする必要がある．

また曲線部では，直線部の横断勾配とは異なる片勾配がつけられ，さらに拡幅

表 4・6 曲線部の拡幅量（道路構造令）

曲線半径 R [m]			拡幅量 [m]
普通道路		小型道路	(1車線当たり)
第1種，第2種，第3種	その他の道路		
150 以上 280 未満	90 以上 160 未満	44 以上 55 未満	0.25
100 150	60 90	22 44	0.50
70 100	45 60	15 22	0.75
50 70	32 45		1.00
	26 32		1.25
	21 26		1.50
	19 21		1.75
	16 19		2.00
	15 16		2.25

も行われているので，これらの幾何構造の変化に対しても滑らかなすりつけが必要である．

このようなすりつけ区間を緩和区間（transition section）といい，この区間の平面線形に用いられる曲線を緩和曲線（transition curve）という．

緩和区間は，まず遠心加速度の変化率をある限度以下にして，ハンドル操作が無理なくできる時間の長さが必要となる．この遠心加速度の変化率の限度を道路構造令では $0.5 \sim 0.75 \mathrm{m/s^3}$ としている．

いま，走行速度を V [m/s]，緩和区間の長さを L [m] および円曲線の半径を R [m] とすれば，円曲線部における遠心加速度は V^2/R [m/s²] で得られ，緩和区間の走行時間は L/V [s] で与えられる．したがって，遠心加速度の変化率 P は次式で求められる．

$$P = \frac{V^2}{R} \Big/ \frac{L}{V} = \frac{V^3}{LR} \quad [\mathrm{m/s^3}] \tag{4・3}$$

さらに通常の円曲線部では片勾配がつけられ（**図4・12**），これによって遠心力の一部は打ち消されるので，この片勾配の効果を考慮すれば，上記式の P は

$$P = \frac{V^3}{LR} - \frac{g(i-i_0)}{t} = \frac{V^3}{LR} - \frac{Vg}{L}(i-i_0) \quad [\mathrm{m/s^3}] \tag{4・4}$$

となる．ただし上式において，i_0 および i は緩和曲線の始点と終点の横断勾配，g は重力加速度，t は緩和曲線上の走行時間 [s] である．なお，式 (4・3) はショーツ式，式 (4・4) はショーツ補正式といわれるものである．

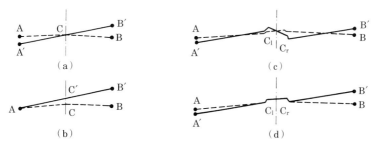

図 4・12 片勾配のつけ方

一方,緩和曲線上を走行中のハンドル操作に無理のない時間としては,3～5秒程度が必要とされている.この長さは式 (4・5) で求められる.

$$L\,[\mathrm{m}] = vt = \frac{V\,[\mathrm{km/h}]}{3.6} t\,[\mathrm{s}] \qquad (4\cdot5)$$

道路構造令では,t を 3 秒にとり,各設計速度 $V\,[\mathrm{km/h}]$ に対する緩和区間長 $L\,[\mathrm{m}]$ を,式 (4・4) および式 (4・5) で与えられる遠心加速度の変化率の値を確かめ,**表 4・7** の値をその最小値として規定している.**表 4・8** にはすりつけ割合を示す.

(2) **緩和曲線**　　緩和区間の線形としては,距離の進行に応じて曲率が変化していく 3 次放物線,レムニスケート (lemniscate),クロソイド (clothoid) などの曲線,あるいは半径を徐々に変化させた数個の円弧の複合曲線が用いられているが,ここでは緩和曲線として,現在最も多く用いられているクロソイド曲線について述べる.

表 4・7　緩和区間長（道路構造令）

$V\,[\mathrm{km/h}]$	120	100	80	60	50	40	30	20
$L\,[\mathrm{m}]$	100	85	70	50	40	35	25	20

表 4・8　片勾配のすりつけ割合（道路構造令）

設計速度 $V\,[\mathrm{km/h}]$	片勾配のすりつけ割合
120	1/200
100	1/175
80	1/150
60	1/125
50	1/115
40	1/100
30	1/75
20	1/50

直線と円の間を一定の速度で，しかもハンドルを一定の回転速度で切りながら走行した場合の自動車の軌跡がクロソイド曲線で，曲率が曲線長に比例して一様に増大する曲線である．したがって，いま曲線半径を R，曲線長を L とすると，$1/R = C \cdot L$ なる関係が成立する．ただし C は定数である．$1/C = A^2$ と置くと

$$R \cdot L = A^2$$

これをクロソイドの基本式と呼び，A をクロソイドのパラメータ，単位は通常 m である．この A の値が定められるとクロソイドの大きさが決定する．なお，クロソイドの要素は図 4·13 に示すとおりである．

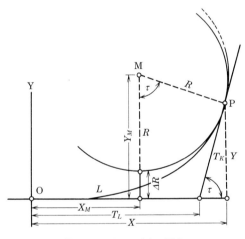

図 4·13 クロソイドの要素

2 縦 断 線 形

縦断線形 (vertical alignment) は，一様な勾配で直線的に上り・下りする区間と，勾配が変化する区間に挿入される縦断曲線の区間の二つに分けられる．

（a） 縦 断 勾 配

縦断線形は，排水のために必要な勾配（0.3~0.5%）を保ち，できるだけ平坦にすることが望ましい．しかしながら，経済的な道路建設のためには，地形・地物の変化に対応した勾配をつけ，走行車両のある程度の速度低下も許容せざるをえない．

そこで，乗用車はほぼ平均走行速度で登坂できるように，また普通トラックに

4・3 線形設計と視距

表 4・9 最大縦断勾配（道路構造令）

設計速度〔km/h〕	縦断勾配〔%〕	設計速度〔km/h〕	縦断勾配〔%〕
120	2 (4)	50	6 (9)
100	3 (4)	40	7 (10)
80	4 (7)	30	8 (11)
60	5 (8)	20	9 (12)

（注）（ ）内は小型道路

対して、ほぼ設計速度の 1/2 で登坂できるように配慮し、最大縦断勾配を**表 4・9** のように定めている．

また、地形の状況などの理由がある場合では、第1種、第2種、第3種の道路は 3% を、第4種の道路では 2% を同表の値に加えてもよい．ただしこの場合は、設計速度と勾配に応じて、勾配区間の長さが**表 4・10** に示す制限長以下でなければならない．

表 4・10 縦断勾配に応ずる登坂可能距離（道路構造令）
〔単位：m〕

設計速度〔km/h〕		120	100	80	60	50	40
始端速度〔km/h〕		80	80	80	60	50	40
許容速度〔km/h〕		60	50	40	30	30	25
縦断勾配の値〔%〕	3	830					
	4	480	720				
	5	340	500	760			
	6		380	520	490		
	7			410	320	230	
	8				240	170	130
	9					130	100
	10						80

(b) 登坂車線

登坂部におけるトラック類の速度低下が交通流に与える影響は大きく、トラック混入率が多い区間では交通容量の減少、安全性や快適性の低下が生ずる．

したがって、登坂車線（climbing lane）を設置して、低速車を本線から分離して円滑な交通流を保つことが必要である．道路構造令では、縦断勾配が 5%（高速道路および設計速度が 100 km/h 以上の道路では 3%）を超える車道には、必要に応じて幅員 3m の登坂車線を設けるものとしている．

登坂車線を設けることにより、表 4・10 の縦断勾配の制限長を考慮する必要がな

くなる．このため，勾配の制限長の制約から，路線を大きく迂回させたり，高い盛土や深い切土をしなければならないような場合でも，登坂車線の設置によって経済的な路線計画を行うことができる．

(c) 縦断曲線

縦断勾配の変化する箇所には，走行する自動車の運動量の変化による衝撃を緩和するとともに視距の確保のために，縦断曲線 (vertical curve) を挿入する必要がある．縦断曲線を平面線形と適切に組み合わせて，安全性と快適性を増加させ，路面排水をよくすることができる．

縦断曲線には一般に放物線が用いられるが，縦断曲線を曲線長で示す方法と放物線を円曲線で近似し，この曲率半径で示す二つの方法がある．

曲線長を求める式は

$$L_v \fallingdotseq \frac{R}{100}\varDelta \tag{4・6}$$

ここで，L_v：縦断曲線の曲線長〔m〕，R：縦断曲線の半径〔m〕
　　　　$\varDelta$：縦断勾配の代数差〔％〕

である．

縦断曲線の長さは，衝撃緩和，視距確保，視覚上の必要長などから決められる．

(1) **衝撃緩和に必要な縦断曲線長**　運動量の変化による衝撃を緩和するための縦断曲線長 L_v〔m〕は，一般的に次の経験式が用いられている．

$$L_v = \frac{V^2|i_1-i_2|}{360} = \frac{V^2}{360}\varDelta \tag{4・7}$$

ここで，L_v：縦断曲線長〔m〕，V：走行速度〔km/h〕
　　　　$|i_1-i_2|=\varDelta$：縦断勾配の代数差の絶対値〔％〕

(2) **視距確保に必要な縦断曲線**

(i) **凸型縦断曲線**　縦断曲線を2次放物線とすると，**図 4・14** において視距 D と縦断曲線長 L_v との間の関係は次式により求められる．

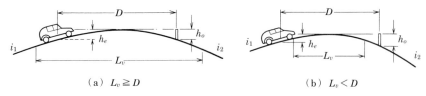

(a) $L_v \geqq D$　　　　　　(b) $L_v < D$

図 4・14　凸型縦断曲線上における視距

$$L_v = \frac{D^2}{2(\sqrt{h_e}+\sqrt{h_o})^2}|i_1-i_2| \qquad (4\cdot8)$$

ここで，L_v：縦断曲線長〔m〕，D：制動停止視距〔m〕
h_e：ドライバーの目の高さ（1.2m），h_o：障害物の高さ（0.1m）

(ⅱ) **凹型縦断曲線**　この場合は，**図4·15**に示すように衝撃緩和のほか，アンダーパスのサグ（谷部）における視距を考慮しなければならない．

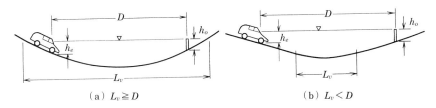

(a) $L_v \geqq D$　　　　　　(b) $L_v < D$

図 4·15　凹型縦断曲線上における視距

アンダーパスの視距は，$L_v \geqq D$ のとき

$$L_v = \frac{D^2}{\{\sqrt{2(c-h_e)}+\sqrt{2(c-h_o)}\}^2}\varDelta \qquad (4\cdot9)$$

で与えられる．

上式に，縦断線形の設計条件であるアンダーパスのクリアランス $c=4.5\mathrm{m}$，目の高さ $h_e=1.5\mathrm{m}$，および対象物の位置 $h_o=0.75\mathrm{m}$ を代入すると L_v と D の関係は次式となる．

$$L_v = \frac{D^2}{2\,692}|i_1-i_2| \qquad (4\cdot10)$$

各速度における視距と縦断曲線長および最小縦断曲線半径の関係を求めたものが**表4·11**である．勾配差が小さい場合，縦断曲線長は非常に短くなり，運転者には線形が急に折れ曲がって見えるなどの視覚上の問題が生ずるため，ある程度以上の長さを設定する必要がある．最小縦断曲線長は，設計速度で3秒間走行する距離で**表4·12**に示す．

なお，縦断曲線半径は，最小縦断曲線半径の1.5～2倍程度が勧められている．ただし第4種第1級の道路で，交差点の立体交差化のように地形・地物の制約条件が限られている場合は，凸型縦断曲線の半径を1000mまで縮小することができる．

表 4・11　縦断曲線長と縦断曲線半径の計算（道路構造令）

設計速度〔km/h〕	衝撃軽減 $\dfrac{V^2\|i_1-i_2\|}{360}$	凸型縦断曲線			凹型縦断曲線		
		視距の確保 $\dfrac{D^2\|i_1-i_2\|}{398}$	縦断曲線長〔m〕	最小縦断曲線半径〔m〕	跨道橋下の視距確保 $\dfrac{D^2\|i_1-i_2\|}{2692}$	縦断曲線長〔m〕	最小縦断曲線半径〔m〕
120	40.0⊿	111.0⊿	110⊿	11000	16.4⊿	40⊿	4000
100	27.8⊿	64.5⊿	65⊿	6500	9.5⊿	30⊿	3000
80	17.8⊿	30.2⊿	30⊿	3000	4.5⊿	20⊿	2000
60	10.0⊿	14.1⊿	14⊿	1400	2.1⊿	10⊿	1000
50	7.0⊿	7.6⊿	8⊿	800	1.1⊿	7⊿	700
40	4.4⊿	4.1⊿	4.5⊿	450	0.6⊿	4.5⊿	450
30	2.5⊿	2.3⊿	2.5⊿	250	0.3⊿	2.5⊿	250
20	1.1⊿	1.0⊿	1.0⊿	100	0.1⊿	1.0⊿	100

表 4・12　最小縦断曲線長（道路構造令）

設計速度〔km/h〕	最小縦断曲線長〔m〕	設計速度〔km/h〕	最小縦断曲線長〔m〕
120	100	50	40
100	85	40	35
80	70	30	25
60	50	20	20

（d）合成勾配

道路の路面には，横断勾配または片勾配と縦断勾配がついており，これらの合成勾配が路面の最大勾配となり，雨水はその方向に流れる．いま横断勾配または片勾配の値を i〔%〕，縦断勾配を j〔%〕とすれば，合成勾配 S〔%〕の値は次式で与えられる．

$$S=\sqrt{i^2+j^2} \qquad (4\cdot11)$$

道路の勾配部に曲線がある場合は，自動車は縦断勾配によって生ずる勾配抵抗のほかに曲線部で生ずる抵抗を受けるため，通常よりも大きい抵抗を受ける．

片勾配と縦断勾配の組合せが適切な範

表 4・13　合成勾配の許容値（道路構造令）

設計速度〔km/h〕	最大合成勾配〔%〕
120 100	10.0
80 60	10.5
50 40 30 20	11.5

（注）　1．積雪寒冷の厳しい地域では 8% 以下とする．
　　　2．設計速度が 30 または 20 km/h の道路で地形その他の理由でやむをえない場合は 12.5% 以下とすることができる．

囲になるように，合成勾配の許容値を**表4・13**のように定めている．合成勾配の値が許容値を超える場合には，縦断勾配と線形との相互関係を検討して，合成勾配を許容値以下に修正する必要がある．

3 視 距

視距（sight distance）とは，ドライバーが道路上で見通すことのできる距離をいう．道路の設計において，設計速度に応じた十分な視距の確保は，安全走行や快適性のために重要なものである．視距には，制動停止視距および追越し視距の2種類がある．

（a） **視距の確保**

安全上必要な視距の確保のためには，設計上多くの注意を払う必要がある．

視距の確保は，平面線形のほかに縦断勾配の変化するところでも必要である．縦断線形についてはすでに述べたので，ここでは平面線形について述べる．

(1) 道路の建設時の視距に限らず，将来の人家の建設など沿道の利用による視距の確保が難しくなることが予想される場合は，曲率半径を大きくとる，必要な範囲を道路用地（たとえば歩道予定地）として確保することが必要である．

(2) 曲線部において分離帯の柵，樹木などにより視距が確保されない場合は，中央帯（分離帯），路肩その他を広げて視距を確保する．

(3) 山間部の曲線の内側の切土法面などにより，視距が確保できない場合は，さらに切土を広げ，路肩を広くとる．

（b） **制動停止視距**

制動停止視距（breaking sight distance）は，ドライバーが道路上の物体を認めてから停止するまでに必要な距離で，車線中心線上に1.2m（ドライバーの目の高さ）から，その車線中央線上にある高さ10cmの物体の頂点を見通すことのできる距離を車線の中心線に沿って測った長さをいう．

制動停止距離 D〔m〕は，速度を V〔km/h〕，タイヤと路面との縦すべり摩擦係数を f，反応時間を t〔s〕とすると

$$D = \frac{V}{3.6}t + \frac{V^2}{2gf(3.6)^2}$$

で表される．

(c) 追越し視距

対向2車線道路では低速車が混入すると,ドライバーが望む走行速度を保持できなくなって,追越しをしたくなるが,追越しには対向車がなく,かつ十分な視距が必要となる.

追越し視距 (passing sight distance) とは,車道中心線 1.2 m の高さから,前方の車道中心の 1.2 m の物体の頂点を見通すことのできる距離を車道中心線上に沿って測った距離をいう.

理想的な追越しには,対向車線へ自動車の移行を始める点から追越し完了までの追越し車の走行距離と,その間の対向車の走行距離の合計距離が必要となる.しかし,これではかなり長い距離が必要となるので,一般に対向車線上において追い越される車の後端に追いついたところを追越し動作の開始点とする最小追越し視距でもよいと考えられている.

追越し開始から完了までに必要な距離を順を追って示すと以下のようになる.

(1) 追越し車が追越し可能と判断し,加速しながら対向車線へ移行するまでの距離 $= d_1$〔m〕
(2) 追越しを開始してから完了するまでに,追越し車が対向車線を走行する距離 $= d_2$〔m〕
(3) 追越し完了時において,追越し車と対向車との車間距離 $= d_3$〔m〕
(4) 追越車が追越し完了時までに対向車が走行する距離 $= d_4$〔m〕

以上のことから,全追越し視距 D〔m〕は

$$D = d_1 + d_2 + d_3 + d_4$$

となり,最小必要追越し視距 D'〔m〕は

$$D' = (2/3) d_2 + d_3 + d_4$$

となる($(2/3) d_2$ は追越車が対向車線で被追越車に追いついた後,追い越すのに必要な距離).

4 交　　差

道路は高速道路から市町村道までそれぞれがもつ機能を分担し,全国的な道路網を形成している.この道路網において道路の接点である交差部は,平面交差と

立体交差に大別される．交差部では右・左折や横断などの交通が生じ，単路部の交通とは異なった複雑な現象が発生する．

したがって，道路交通の処理能力や安全性などは，交差部の構造の良否が大きく影響するので，その計画と設計には慎重な検討が必要である．

1　平面交差

（a）　平面交差の種類と計画・設計

道路が同一平面で交差する交差部を平面交差点という．平面交差の分類には，**図4・16** に示すように十字交差，T字交差，Y字交差，ロータリー交差のように，交差点の形状による分類と，交差点に集まる道路の枝数による分類がある．

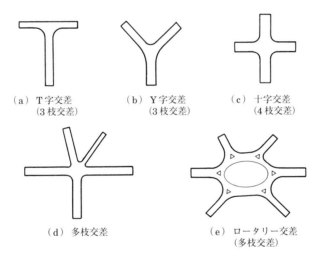

(a) T字交差　　　(b) Y字交差　　　(c) 十字交差
　　(3枝交差)　　　　(3枝交差)　　　　(4枝交差)

(d) 多枝交差　　　(e) ロータリー交差
　　　　　　　　　　　(多枝交差)

図 4・16　平面交差

平面交差の計画・設計の基本は，次のとおりである．
(1) 駅前広場などの特別の箇所を除き，交差の枝数は4以下とする．
(2) 交差点における主交通流はできるだけ直線に近い線形とし，かつ主交通の一方の側に2以上の足が交差しないようにする．
(3) 交通流相互の交差角はできるだけ直角に近くする．
(4) 原則として，**図4・17** に示すような食違い交差や折れ足交差は避ける．
(5) 必要に応じ屈折車線（turning　lane），変更車線もしくは交通島（traffic

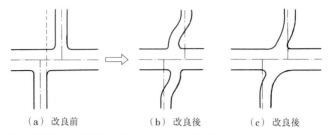

(a) 改良前　　　　(b) 改良後　　　　(c) 改良後

図 (b) に比較して，円滑な走行ができるように線形をよくしたものが図 (c) である．

図 4・17　食違い交差の改良

island) を設け，また隅角部を切り取って見通しのよい構造とする．

(6) 交差点間隔はできるだけ大きくとり，交通処理能力を高める．

(b) 交差点流入部の車線幅員と交差点の導流化

交差点流入部においては，走行が単路部とは異なって，減速による速度変化もあるので，右・左折車線に限らず直進車線でも，車線幅を単路部の標準幅員より狭くすることができる．

特に右折専用車線の設置は，右折待ちの車が直進車の進行を妨げる事態を解消し，交通の処理能力に多大な影響を与えるので，各車線や分離帯の幅員を減少してでも，右折専用車線の設置は極めて有効である．

また，広幅員の道路相互の平面交差では，通行車両の走行位置選択の自由度が大きいため危険を招きやすく，また歩行者の横断距離も長くなる．このような場合には，交通流の不利用部分などに適切な交通島や誘導標識などを設け，車両の走行位置を正常な走行方向に誘導し，歩行者には待避スペースを設けるなどによって，交通流を整流化することが必要である．これを平面交差の導流化といい，次のような効果が期待できる．

(1) 交錯する交通流を分離し，交通流が交差・合流する角度を適正に保ち，かつ車両の速度をコントロールする．

(2) 右・左折あるいは交差する交通車両に安全な待機スペースを与え，他の交通流から保護する．また，横断歩行者の保護スペースを設け，かつ交差点内での歩行距離を減少する．

(c) 交差点の幾何構造と交通制御

平面交差における交通の安全性と円滑性は，交通信号，各種規制などの交通制

御の方式によっても大きく左右される．このため平面交差の計画・設計には，交通制御の方法を検討し，それに対応した幾何構造とすべきであるが，反対に幾何構造を無視した交通制御を行えば，安全性，円滑性を著しく低下させる．

したがって，平面交差の設計には，常に幾何構造と交通制御の相互関係を考慮する必要がある．交差点設計の基本となる交通制御は次のとおりである．
(1) 第1種の道路における平面交差は，本線の交通に影響を及ぼさない場合に限って認められるもので，信号制御は行わないものとする．
(2) 高速の直進交通に対して一時停止制御することは，交通流に混乱を生じ，事故発生の原因ともなる．このため設計速度 60 km/h 以上の直進主交通流に対しては，一時停止制御はしないものとする．

（d） 環状交差点（ラウンドアバウト）

ロータリー交差点のように，入口での一時停止や交差点内信号の設置のないラウンドアバウトは，信号がないことから災害発生時等にも交通の制御がしやすく，その他の効果・課題を含め社会実験が進められている．平成 27 年 3 月段階で 42 の環状交差点が指定されているが，今後の実験結果によってはさらの増設されることも考えられる．

2 立体交差

立体交差 (grade separation) には，道路相互の立体交差と道路と鉄道との立体交差がある．ここでは前者について述べる．

道路相互の立体交差は，次のように大別できる．
(1) 平面交差での円滑な交通処理のため，主交通あるいは主交通に最も大きい影響を与える交通流を，他の交通流から立体的に分離するために設けられる立体交差，すなわち交差点立体交差
(2) 完全出入制限の道路が，他の道路と交差する場合など，交差道路との接続を要しない立体交差，すなわち単純立体交差
(3) 完全出入制限された自動車専用道路相互，または自動車専用道路と一般道路を平面交差することなく連結路により結びつけた立体交差，すなわちジャンクション (junction)[*1] およびインターチェンジ (interchange)[*2]

[*1] ジャンクション：自動車専用道路相互を直接接続し，一般道路との出入りを目的としていない．
[*2] インターチェンジ：一般道路と自動車専用道路を連絡路により結びつけた立体交差点．

以下に，交差点立体交差とインターチェンジについて述べる．

(a) **交差点立体交差**

自動車専用道路以外の道路においても，4車線以上の道路が相互に交差する場合は，原則として立体交差とする．上記(1)の交差点立体交差がこれにあたり，タイプとしては，図4・18に示すように，用地面積が少なく街路網ともなじみのよいダイヤモンド型あるいはその変形が用いられる．

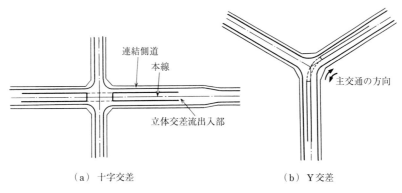

(a) 十字交差　　　　　　　　　　(b) Y交差

図4・18 交差点立体交差の形式（道路構造令）

立体化すべき交通流は，原則として最も多い方向の自動車交通とするが，交通流の円滑な処理，地形，周辺の土地利用状況，道路の形態および建設費などを総合的に検討して決める．また，この立体交差にはアンダーパスとオーバーパスの形式があり，これらの選択は地形，地質，施工，管理および周囲の景観との調和などを十分に考慮して定める必要がある．

(b) **インターチェンジ**

インターチェンジの形式は，交通の処理方法により，完全立体交差，不完全立体交差および織込み型に分類される．また交差接続する道路の枝数により，3枝交差，4枝交差，多枝交差に分類することもある．

わが国の高速道路では，工業地域または大都市周辺で5～10km，平地で小都市の点在する場合には15～25km，山地部では20～25km程度の間隔でインターチェンジが設けられている．出入制限をした第1種および第2種の路線計画では，インターチェンジの位置の検討が重要な課題となる．

(1) **完全立体交差**　　インターチェンジの基本型であり，各ランプは互いに

交差することもなく，本線の各方向の流れを結びつけ，理想的に進行方向を選ぶことができる．それだけに広大な用地面積が必要となり，建設費も高くなる．4枝完全立体交差の基本型を図4·19に示す．

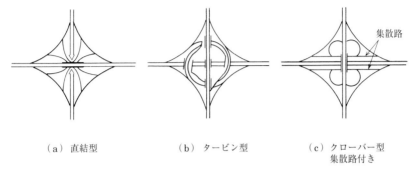

（a）直結型　　　　（b）タービン型　　　（c）クローバー型
　　　　　　　　　　　　　　　　　　　　　　集散路付き

図 4·19　4枝完全立体交差の基本型（道路構造令）

　図4·19(a)の直結型は，右折交通を目的の方向へ滑らかな曲線で直結するためのもので，交差部では4層の立体交差となり，工費も増大する．

　図(b)のタービン型は，各ランプと本線間の交差地点を図(a)の直結4層型よりも分散させ，工費の低下を図ったものであるが，右折交通に準直結ランプを配しているため，ドライバーの方向感覚に多少のずれが生じ，交通運用上の問題となることもある．

　図(c)のクローバー型は，右折交通にループを用いて2層構造としたもので，広大な面積を必要とし，その適用は限られる．また運転者が方向感覚を失いやすく，隣接する二つのループ間で織込みが生じ，容量上のネックになりやすいなどの問題はあるが，対称的な美しい形状でインターチェンジの象徴的な形式とさえなっている．

（2）　**不完全立体交差**　　不完全立体交差は，平面交差する交通動線が1か所以上となる．このタイプは，非常に多様な変化が可能であるが，平面交差の地点で本線とランプの交通が停止を余儀なくされ，交通の連続性と安全性の面で問題を残す．しかし用地面積，建設費ともに少なくすみ，その特性を巧みに利用すれば効率的な形式となりうる．

　この交差型の中でも実用性が高いのは，図4·20に示すようなダイヤモンド型，不完全クローバー型，4枝交差の場合のトランペット型である．

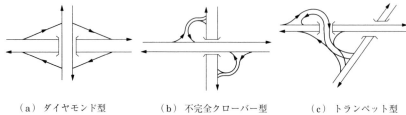

(a) ダイヤモンド型　　　(b) 不完全クローバー型　　　(c) トランペット型

図 4・20　不完全立体交差の基本型（道路構造令）

図4・20(a)に示すダイヤモンド型は，4枝交差における代表的なインターチェンジの形式の一つで，形が単純なために必要な用地が最も少なくてすみ，建設費もかなり安くなるが，平面交差部で交通容量に限界があり，ネックとなりやすいのが最大の欠点である．

図(b)の不完全クローバー型も4枝交差において，しばしば用いられる形式であり，ダイヤモンド型よりも建設費は増すが，その特徴を生かせば容量の点では勝っている．

図(c)は，トランペット型を4枝交差に適用した場合で，高速道路側は完全に立体化が図られている一方で，一般道路は平面交差として処理しており，わが国のような有料制の高速道路では，料金徴収施設を1か所に集められるので，最もよく用いられている形式である．

（3）**織込み型**　織込み型の代表形式としては，**図4・21**に示すようにロータリー型，直結Y型の変形などがあるが，交通運用上の効果があまり期待できないわりに，広い面積を要するため推奨できない．

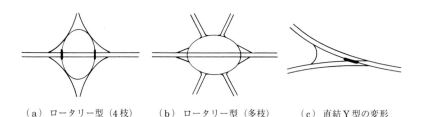

(a) ロータリー型（4枝）　　(b) ロータリー型（多枝）　　(c) 直結Y型の変形

図 4・21　織込み型立体交差の例（道路構造令）

1 道路種別が第1種の道路と第3種の道路との違いについて述べよ．
2 道路横断面の一般的な構成を図に示し，構成を定める場合の留意事項を箇条書で説明せよ．
3 縦断曲線は，なぜ必要かについて述べよ．
4 視距とは何か，説明せよ．
5 次の術語を図を用いて説明せよ．
　① 片勾配，② 緩和区間，③ 縦断曲線，④ 合成勾配，⑤ 交差（平面，立体）
　⑥ インターチェンジ

舗装の設計

第5章

プレキャスコンクリート版舗装

　舗装の設計には，路面設計と構造設計がある．路面設計は，塑性変形輪数，平たん性，浸透水量のように路面（表層）の性能に係わる表層の厚さや材料を決定することである．
　構造設計は，舗装を支持する基盤や形態によって，一般の路床上の舗装以外に橋面舗装やトンネル内舗装，岩盤上の舗装などに分類される．
　本章では一般の舗装構成について，その歴史的な流れとアスファルト舗装，コンクリート舗装の構造設計，路面設計および舗装の基本構成について示す．

1 舗装構造の変遷

　道路舗装の歴史の中で，大掛かりに築造したものとして，古代エジプトにおけるピラミッド建造のための舗石道路がある．これは石切場から石を運ぶ道路で，ギゼーのピラミッドでは平均2.5tの石塊を230万個運ぶために非常に頑丈な舗装道路として整備された．その後の近代舗装の先駆的な事例として，クレタ島の道路（図1・1）があげられる．これは，基層あるいは中間層にあたる位置にセメントやせっこうとロームを混合したモルタルを用い，その上に表層として玄武岩の板石や砕石を敷き並べ，さらに両端部に排水溝を備えている．

　セメントやせっこうの代わりに，バインダーとしてアスファルトを用いた舗装が，BC 600年ごろのバビロンの王の道（図5・1）で，これら古代の道路は主に軍事道路として利用されていた．

　その後，第1章で述べたように，ローマ帝国の拡大に伴って約8500kmもの道路が整備された．その代表例といわれるアッピア街道（図5・2）にも見られる路床の強化や排水を考慮した構造は，現在の舗装構造と基本的な考え方は同じである．

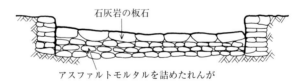

図5・1　バビロンの王の道

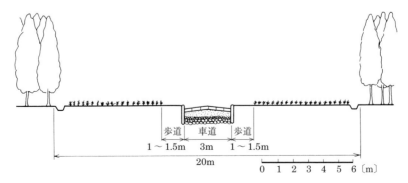

図5・2　アッピア街道断面図

5・1 舗装構造の変遷

ヨーロッパにおける産業革命を支えるべく，18世紀に入って道路舗装の改修が盛んとなってきた．初期にはローマ時代と同様の板石を用いた構造を採用していたが，多大な人力を要することや，交通量の増加による耐久性や経済性の問題を改善するために，フランスでトレサゲ工法が開発された．

トレサゲ（Tresagut：1716〜1796）が提案した工法の特徴は，路床に水が浸入すると支持力が低下することに着目し，路床面と路面を上に凸状に反らせ，排水を路肩に流し，舗装の耐久性を向上させるというものである（図5・3）．

その後，イギリスにおいてテルフォード（Telford：1757〜1834）工法が開発されたが，これはトレサゲ工法では路床を上方に反らすために手を加え，かえって路床を傷めてしまうので，路床は平面のままとし，頑丈な基礎によって荷重に耐えさせるという考えで，図5・4に示すような断面を考案している．

これに続いてマカダム（MacAdam：1756〜1835）が，舗装を普及させるためには，より低廉で耐久性のある構造が必要であると考え，マカダム工法を提案した．この工法は，トレサゲと同様に，路床に水が浸透しなければ自然地盤に十分な支持力があるので，路床面は排水のためにある程度の反りを入れるが，路床を傷めないように細かい砕石で処理し，その上に粒径7.6cm程度の砕石を1層約10cmの厚さで2層敷き，そのまま交通に開放する．交通車両で締め固めた後，さらに粒径2.5cm程度の砕石を5cm厚さに敷きならして交通に供用するものであ

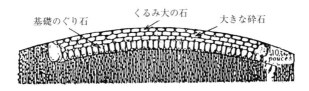

図5・3　トレサゲの舗装構成

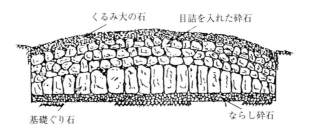

図5・4　テルフォードの舗装構成

る（図5・5）．なお，図5・6，図5・7はロンドン科学博物館に展示されている舗装断面構成で，それを参考に図5・4，図5・5を再現した．

　これらの舗装によって，軍隊の輸送だけでなく，大きな駅馬車が全速力で走れるようになり，商業活動に大きく貢献したが，イギリスでは1830年から鉄道の時代に入り，駅馬車がなくなるのと同時に舗装の整備状況も悪化していった．

　道路の整備状況は，自転車の変遷ともかかわっている．マカダム工法が提唱された1820年当時には，図5・8に示す木製の足蹴り式自転車（ドライジーネ型）が走行していたが，前後の車輪の大きさは同じであった．舗装が悪くなるにしたがって，凸凹を乗り越えるために大きな車輪が必要となり，1860年代には少し大きめの前輪にペダルを付けた図5・9に示すミショー型が主流になってきている．1870年代に入ると，図5・10に示す前輪が極端に大きなオーディナリー型と呼ばれるものとなった．しかし，舗装の状態が悪いと，不安定な自転車では事故も多

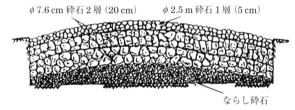

図 5・5　マカダムの舗装構成

図 5・6　テルフォードの舗装構成

図 5・7　マカダムの舗装構成

5・1 舗装構造の変遷

図 5・8 足蹴り式自転車

図 5・9 ミショー型自転車

図 5・10 オーディナリー型自転車

発することから，イギリスのオーディナリー自転車愛好家で結成した自転車ツーリングクラブが，道路改良の要求運動を起こすようになり，ついには政府を動かし，新たな道路整備が推進されるようになった．

アメリカにおける道路整備推進の動機も，1880年に結成された全米サイクリング連盟が，サイクリングをスポーツとする国民運動を展開し，同時に道路改良を要求する圧力団体となっていったことから始まる．その後，政府に道路調査室が生まれ，試験道路をつくり，よい道路がくらしをよくすることを啓蒙していった．この調査室がやがて公共道路部となったが，部長のページ氏が1910年に結成されたアメリカン・ハイウェイ協会の初代会長である．この協会が発展してAmerican Association of State Highway Officials（AASHO）（今のAASHTO：American Association of State Highway and Transportation Officials）となり，やがて世界の舗装技術の先駆的大実験であるAASHO道路試験へとつながるのである．

2 舗装の機能と性能

1 舗装の役割

　砂利道での自動車交通は，雨天時の道路の泥濘化や，乾燥時の砂塵による車両の走行困難を招くばかりでなく，沿道に著しい被害を及ぼす．舗装はこのような状況を改善し，車両走行の快適性を向上するとともに，環境の保全にも寄与する．

　舗装によって車両の走行速度が上がり，さらに路面に適度の滑り抵抗性をもたせることによって安全性が確保される．

　その構造や表層材料の適切な選定によって，車両走行による騒音，振動を減らすこともできる．空隙率の大きい表層の採用はタイヤ騒音を低減する．また，軟弱地盤箇所における舗装でも，平たん性の確保に加えて構造的強度を増すことによって，振動をある程度抑えることができる．

　一方で，都市部のバスレーンのように，舗装のカラー化は，走行区分を明確化し，バスの運行の効率化を図るなど，舗装に視覚的な面から新たな機能を付加するものである．舗装の色彩は，利用者の心身に効果的な影響を与えることもある．たとえば，陸上競技のトラックの舗装を，選手の闘争心を高揚させるといわれていた赤色系統から，リラックスさせる青色系統に変更することによって，競技記録が向上したことも報告されている．

　いわゆるコミュニティ舗装やアメニティ舗装と呼ばれるものは，舗装を道路線形や池，小川といった構造物と調和させることにより景観を創造し，商店街では集客の手段としても利用される．

　最近では，舗装に磁性体材料を埋め込み，受信杖を用いることにより，視覚障害者を誘導する機能を付加したものも開発されるなど，舗装の機能は多様化している．

　新たな環境の創造に対応する舗装技術としては，色彩など人間の視覚から受ける心理的な効果だけでなく，都市型洪水の調整機能，路面温度抑制機能，CO_2 削減機能など，環境に配慮した機能を付加する研究が進んでいる．

　以上のことから，舗装に求められる機能は，次のように整理することができる．

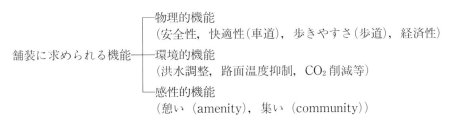

2 舗装の効果

(a) 経済的波及効果

かつて砂利道が主体であった時代の舗装に期待する投資効果は，図 5·11 に示すように，建設工事による初期費用は高いが，交通量の増加に伴って上昇する道路維持にかかわる支出が抑えられる，といった側面が主な課題であった．

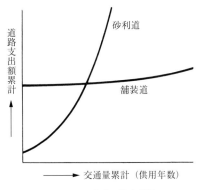

図 5·11　舗装の投資効果

道路整備が進むにつれて，その経済的効果も拡大されてきた．舗装による維持費用の抑制すなわち道路が受ける直接的な便益のほか，輸送の定時性確保や荷傷みの減少，さらには走行時間の短縮による輸送コストの低減など，旅客・物流が得る利益は極めて多大となった．これらの便益とその波及効果が，わが国経済の発展に大きく貢献してきた．

(b) 環境改善効果

（1）**防塵効果**　道路を舗装することによる効果として，まず防塵があげられる．かつて建設省が調査した事例では，砂利道の走行車両による砂塵の飛散は，図 5·12 に示すように路肩から 100 m 以上にも達し，沿道の農作物などに深刻な

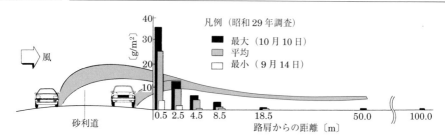

図 5・12 砂利道の砂塵飛散例

被害を及ぼしていた．

さらに交通量が増加した市街地でも飛散する塵埃に悩まされることとなり，いわゆる道路公害の端緒となった．このような事情が，舗装事業の促進に大きな影響を及ぼしたことはいうまでもない．

（2）**騒音低減効果**　舗装により，走行車両による騒音は低減される．最近では交通量の増加による沿道環境の悪化を防止するため，さらに騒音低減効果のある排水性（低騒音）舗装の研究が盛んに行われている．

自動車騒音を大きく分けると，エンジンなどの駆動系騒音と，タイヤのトレッドパターンの中に圧縮された空気が解放されるときに発生するエアポンピング音になる．

駆動系騒音は，舗装路面に反射して比較的遠方にまで達するが，排水性のような大きな空隙のある舗装では，音が空隙の間で乱反射し，拡散することによって騒音の低減効果をもたらす．

エアポンピング音を発生させないためには，タイヤと路面の間で空気の圧縮と解放が起きにくい状態をつくることで可能となる．空隙率の大きい排水性舗装の場合は，空気が空隙に逃げ込んで，圧縮・解放の現象がなくなり，かなりの騒音低減効果を発揮する．

騒音低減効果の例を**図 5・13** に示す．

なお，この効果は，舗装の空隙が詰まると低下するが，この機能を回復させる機械も開発されている．

（3）**振動低減効果**　車両走行による振動は，道路の路体を通じ沿道へと伝搬するが，路床，路盤の改良，表層の平坦性の向上や段差の解消などにより，かなり軽減できる．

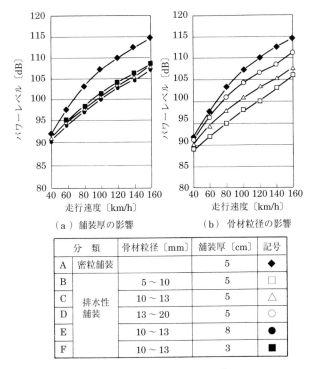

図 5・13 騒音低減効果の改善[1]

(4) **路面温度低減効果** 路面温度上昇抑制舗装は，通常の舗装と比較して夏季における日中の路面温度上昇を抑制することが可能な舗装であり，路面温度を低減する効果がある．この効果の拡大により，ヒートアイランド現象抑制に寄与する可能性もある．路面温度上昇抑制舗装には，保水性舗装，遮熱性舗装などがある．

(5) **環境に対する今後の対応** 最近は，地球環境保全の観点から"ゼロ・エミッション"の考え方が世界的に検討されている．これは，生産から再構築までのサイクルにおいて，廃棄物を出さないという考え方である．

道路部門においても，今後はこの考え方を目指した技術の開発，システムの構築が求められる．

現在の代表的な舗装技術と環境との相関関係を**図 5・14**に示す．

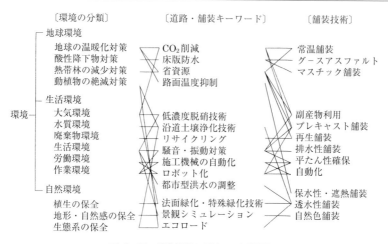

図 5・14 舗装技術と環境との相関関係

3　舗装の性能指標

　舗装に求められる機能を具体的に表したものを性能といい，その性能を示す指標を舗装の性能指標という．舗装の構造的な耐久性に対しては疲労破壊輪数，わだち掘れに対しては塑性変形輪数，縦断方向の平たん度に対しては平たん性，雨水の路面下への浸透に対しては浸透水量がそれぞれ性能指標である．舗装では，前者の三つを必須3性能，排水性舗装などでは浸透水量を必須の性能に加え，性能指標の値を基準値として明確にしておかなければならない．

　性能指標には安全かつ円滑な交通に寄与するもの，環境の保全に寄与するものなどを含め多くのものがあるが，上記原則4性能以外についても，必要に応じて設定することが求められている．図5・15に舗装の性能指標の例を示す．

(a)　疲労破壊輪数

　舗装の構造的な耐久性に関わる指標であるが，舗装路面に49 kN の輪荷重を繰り返し加えた場合に，表層にひび割れが生じるまでに要する回数で，舗装構成(舗装を構成する層の数，各層の厚さおよび材質)が同一である区間ごとに定めるものである．

　「ひび割れが生じる」状態は，路面のひび割れ率で判定するが，何％のひび割れが生じた場合に疲労破壊と見なすかは道路管理者が道路の重要性や道路環境等を

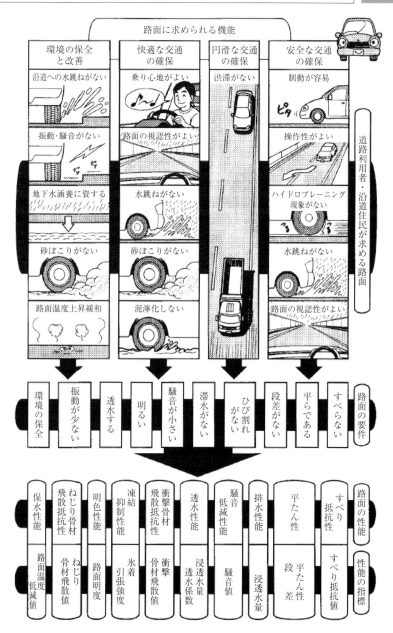

図 5・15 路面に求められる機能と性能指標例[2]

勘案して設定する．

　舗装の構造に関する技術基準（以下技術基準という）では，疲労破壊輪数は単位10年につき**表5・1**に示す値以上とすることとしている．

表 5・1　疲労破壊輪数の基準値

道路の区分	交通量区分	舗装計画交通量 （単位：台/日・方向）	疲労破壊輪数 （単位：回/10年）
普通道路 （標準荷重49 kN）	N_7	3000 以上	35 000 000
	N_6	1000 以上 3000 未満	7 000 000
	N_5	250 以上 1000 未満	1 000 000
	N_4	100 以上 250 未満	150 000
	N_3	40 以上 100 未満	30 000
	N_2	15 以上 40 未満	7 000
	N_1	15 未満	1 500
小型道路 （標準荷重17 kN）	S_4	3000 以上	11 000 000
	S_3	650 以上 3000 未満	2 400 000
	S_2	300 以上 650 未満	1 100 000
	S_1	300 未満	660 000

（b）　塑性変形輪数

　アスファルト舗装の主材料であるアスファルトは，温度が高くなると柔らかくなり，低くなると硬くなる熱可塑性を有する．そのため，アスファルト舗装体は気温及び荷重の影響でわだち掘れ（変形）が発生する傾向があるが，その程度を性能指標として表したものが塑性変形輪数である．技術基準では環境条件として舗装の表層の温度を60℃とし，49 kN の輪荷重を繰り返し加えた場合に，舗装路面が下方に1 mm変位するまでに要する回数と定義している．

　技術基準では**表5・2**に示す値以上と規定している．

表 5・2　塑性変形輪数の値

区　分	舗装計画交通量 （単位　1日につき台）	塑性変形輪数 （単位　1 mmにつき回）
第1種，第2種，第3種 第1級および第2級ならびに 第4種第1級	3000 以上	3000 以上
	3000 未満	1500 以上
その他		500 以上

（c） **平たん性**

自動車の搭乗者の乗り心地や積み荷の荷傷み等に影響する性能指標で，車道各車線の中心線から1m離れた位置（おおむね大型車のタイヤ通過位置）上を，3mプロフィルメーターにより計測し，その路面の凹凸程度を標準偏差で表したものをいう．技術基準では$\sigma \leqq 2.4\,\mathrm{mm}$と規定している．

（d） **浸透水量**

道路構造令第23条3項で「…必要がある場合においては，雨水を道路の路面下に円滑に浸透させ，かつ，道路交通騒音の発生を減少させることが出来る構造とするものとする．」と規定されており，技術基準では交通の安全や沿道環境への負荷の軽減に資するため，性能指標として浸透水量を規定している．これは直径15cmの円形の舗装路面下に15秒間に浸透する水の量で，**表5・3**に示す値以上と規定されている．

表 5・3 浸透水量の値

区　分	浸　透　水　量 （単位　15秒につきミリリットル）
第1種，第2種，第3種第1級 および第2級ならびに第4種第1級	1000
その他	300

4　性能指標の値の確認

性能指標の値の確認は，舗装の施工直後に行うことが原則である．施工直後に観測できない性能や，経時的な評価が必要な性能指標を定めた場合などは，施工直後だけでなく施工後一定期間を経た時点の値を定め，その時点で確認する．

（a） **疲労破壊輪数**

促進載荷装置を用いた繰り返し載荷によって行うが，その他に舗装構成が同一である舗装の供試体による繰り返し試験や，同一の実績がある場合にはその舗装の疲労破壊輪数を有するとみなすことが認められている．実績によるみなし規定の事例として，アスファルト舗装はT_A法，セメントコンクリート舗装では土木研究所法などで設計された場合は，施工された舗装が設計通りに完成してることを確認することで，それぞれの設計法で設定した疲労破壊輪数に相当する性能が確認されたものと見なすことができる．

なお，繰り返し試験による確認方法は全ての現場で行うことが難しく，技術基準に示された以外の簡便な確認方法が求められており，現在 FWD（Falling Weight Deflectometer—208 頁参照）によるたわみ量から推定する方法[4]などが提案されている．

（b） 塑性変形輪数

技術基準では，促進載荷装置や当該舗装と同一の供試体での繰り返し載荷試験によって確認できることとしている．また同一舗装体での実績がある場合はその舗装体と同一であることの確認が出来れば，性能指標の値も同様とみなして良いとしている．繰り返し載荷試験による方法は，疲労破壊輪数の確認方法と同様全ての現場で行うことが難しく，試験温度 60℃ でのホイールトラッキング試験（図 5・16）によって確認するのが一般的である．この場合留意しなければならないことは，試験供試体が対象とする舗装道の表層混合物と同一舗装体であることが確認されなければならないことである．

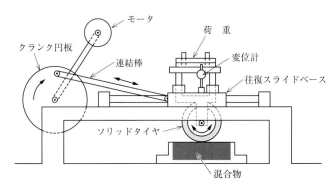

図 5・16 塑性変形輪数の測定

（c） 平たん性

平たん性の確認は，一般に 3m プロフィルメーターによる平たん性測定方法により行う．3m プロフィルメーターの概要を図 5・17 に示す．中心に固定された記録紙に記録された凹凸を，1.5m ごとに読みとり，その標準偏差（σ）を求め，平たん性の性能指標の値とする．

この 3m プロフィルメーターによる技術基準はわが国独特の方法で，国際的には 1989 年に世界銀行が提案した路面のラフネス指標として IRI（Internal Roughness Index）（国際ラフネス指数）が注目され，わが国でも最近採用されている．

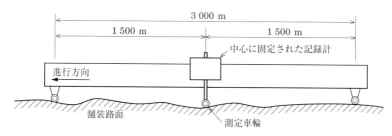

図 5·17 3mプロフィルメーターの概要

　IRI は「2軸4輪の車輌の1輪だけを取り出した仮想車両モデルをクォーターカーと呼び，このクォーターカーを一定の速度で路面上を走行させたときの，車が受ける上下方向の運動変位の累積値と走行距離の比(mm/km または mm/m)を，その路面のラフネスとする」と定義されている．

　測定装置にはプロファイル方式とレスポンス方式の二つに分類される．プロファイル方式は，路面の縦断方向のプロファイルを実測するものであり，標尺を用い人力で行う水準測量から通常の車両走行速度と同程度の速度で測定可能な自動計測車まで各種の装置がある．また，レスポンス方式は，RTRRMS（Response-Type Road Roughness Measuring System）（レスポンス型道路ラフネス測定システム）が路面から受ける動的応答を主として加速度の形で測定するものであるが，測定装置にはさまざまなタイプがあり，任意尺度のラフネス指数を測定し，相関式により IRI に変換する．さらに最近では加速度計やジャイロ機能を備えたスマートホンにより測定する方法も提案されている．

　IRI はラフネス指標であるが，乗り心地が考慮された指標として RN（ライドナンバー）などがある．一般に，IRI 解析用のフリーソフトではこれらの指標の出力結果が同時に得られるようになっている．算出あるいは変換された IRI と実際の路面の状態との関係を図5·18のように示されている．

（d）浸透水量

　直径 15 cm の円形の舗装路面に対して，路面から高さ 60 cm まで満たした水を 400 ml 注入させた場合の透過時間から次式によって浸透水量を算出する．

$$浸透水量 (ml/15s) = 400 (ml) \times 15 / 透過時間 (s)$$

（e）必要に応じて定める性能[5]

　車道および側帯の舗装において，原則 4 性能以外に必要に応じて性能指標を定

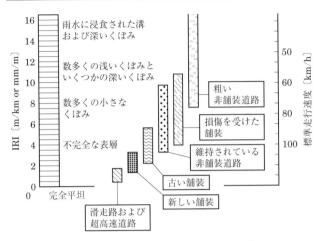

図 5・18 路面性状とラフネス指数の関係[3]

めることが示されている．特に最近では環境改善や防災を目指した性能指標の設定も大きく期待されている．以下に必要に応じて定める性能指標および測定方法の例を示す．

（1） **すり減り値**　すり減り値は，積雪寒冷地などにおいてタイヤチェーンなどにより生ずる表層のすり減りの程度をいう．すり減り値の測定には，往復チェーン型のラベリング試験機などが用いられる．すり減り値が小さいほどタイヤチェーンによるすり減り（摩耗わだち）を抑制する効果が高い．

（2） **衝撃骨材飛散値**　衝撃骨材飛散値は，積雪寒冷地などにおいてポーラスアスファルト混合物を用いた舗装のタイヤチェーンを装着した車両の走行などにより発生する衝撃骨材飛散の程度をいう．衝撃骨材飛散値の測定には，ロサンゼルス試験機を用いたカンタブロ試験が適用される．

（3） **ねじり骨材飛散値**　ねじり骨材飛散値は，ポーラスアスファルト混合物を表層に用いた舗装の骨材がタイヤでねじられることよって飛散する程度をいう．ねじり骨材飛散値の測定には，ねじり骨材飛散試験機が用いられる．

（4） **路面明度**　路面明度は，舗装路面の色の明るさを表す程度をいう．路面明度の測定には，色彩色差計が用いられる．路面明度が大きいほど照明の効果が高まる．

（5） **氷着引張強度**　氷着引張強度は，氷結面と氷板のはがれやすさの程度

をいう．氷着引張強度の測定には，引張試験機が用いられる．氷着引張り強度は小さいほど凍結を抑制する効果および除雪の効率を高める効果が大きい．

（6） **路面温度低減値**　路面温度低減値は，路面温度の上昇を抑制する舗装と，比較する舗装（排水性舗装や密粒度アスファルト舗装など）との路面温度差をいう．路面温度低減値は，路面温度が最も高い時期（夏季）に現地にて測定するのが原則であるが，気候，気象条件により測定できない場合には，室内にて照射ランプを供試体表面に照射して測定する．路面温度低減値が大きいほど路面温度の上昇を抑制する効果が高い．

（7） **振動レベル低減値**　振動レベル低減値は，補修工事の前後における道路交通振動の低減の程度をいう．振動レベル低減値の測定には，振動レベル計が用いられる．振動レベル低減値が大きいほど，道路交通振動を抑制する効果が高い．

（8） **最大流出量比**　最大流出量比は，最大雨量に対して排水施設などに流出する最大流出雨水量の割合をいう．最大流出量比は，水拘束率または貯留率を求めるための透水性能測定方法(室内)，下層路盤の密度を求めるための突砂法による密度試験（現地），路床の飽和透水係数を求めるための透水試験（室内）またはボアホール試験（現地）結果から計算によって求める．最大流出量比が小さいほど雨水の最大流出量が抑制される効果が高い．

（9） **CO_2排出量低減値**　CO_2排出量低減値は，一般的な材料や施工方法を用いて舗装を構築する場合などに排出されるCO_2排出量に比べ，対象とする舗装を構築する場合などに排出されるCO_2排出量の低減の程度をいう．CO_2排出量低減値は，CO_2原単位を用いた算定方法で算出する．CO_2排出量低減値が高いほどCO_2排出量の抑制効果が高い．

3　舗装設計の考え方

1　AASHO 道路試験

舗装の構造は，舗装の上に載荷する車両の荷重を分散して路床に伝達し，路床の支持力と舗装によって分散された荷重がバランスを保つように設計する．した

がって，路床の支持力と車両の荷重がわかれば，舗装の種類や厚さが決定できることになる．そこで適切な舗装の種類や厚さを実験的に求めようとしたのが，アメリカにおけるAASHOの道路試験である．

　この道路試験は，1954年から6年の歳月をかけて，当時の金額で100億円の費用をかけて行われた．試験道路はイリノイ州北西部の州道80号線建設予定地に，図5・19に示すような，断面を変えた六つのループをつくって行われた．

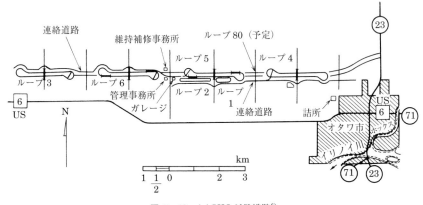

図 5・19　AASHO試験道路[6)]

　アスファルト舗装区間の路床支持力（設計CBR）の範囲は1～4.5%（平均で2.9%）で築造され，この路床の上に図5・20に示す標準断面をもとに，ループごとに舗装厚を変えた．

　アスファルト舗装で行われた試験は次の五つである．

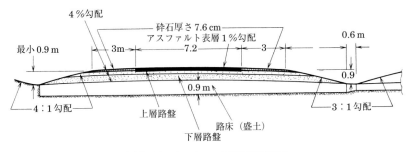

図 5・20　アスファルト舗装標準断面[6)]

(1) 舗装構成因子の組合せ試験
(2) 路肩舗装の試験
(3) 上層路盤の試験
(4) 舗装の季節的な強度変化に関する試験
(5) 表面処理の試験

以上の観点でつくられた試験舗装区間で，載荷軸重 0.9〜21.9 t までの試験車を，管理した速度で走行させた．試験車は 25 か月間にわたり，延べ 556 880 台 (1 113 760 回の軸荷重) が走行した．

この走行実験において，舗装の傷み具合や走行しやすさのデータを採取し，成果として次の三つが得られた．
(1) 舗装の供用性評価にサービス指数 (Present Serviceability Index : PSI) を導入した．
(2) 舗装の構造設計に，舗装構成材料の強さとその置かれる位置および厚さによって決まる舗装厚指数を導入した．
(3) 交通車両重量 (軸重) と舗装の供用性の関係を示した．

舗装にとって最も大切な機能は交通に対するサービスであるという観点から，道路建設技術者，道路維持技術者，材料関係者，トラック輸送関係者，自動車製造業者などによって評価班を構成し，各自の好む方法で舗装のサービス性能を 5 点法で評価し，その平均値を「測定時のサービス性能評価」とした．

評価後に，現地試験班が舗装の縦横凹凸 (平たん性とわだち掘れ)，ひび割れおよびパッチングを客観値として測定し，上記の人による評価との関係を，重回帰分析によって推定した．その結果，測定した時点でのサービス指数 PSI として次式が導かれた．

$$p = 5.03 - 1.91 \log(1+S_V) - 0.01\sqrt{C+P} - 0.21 R_D^2 \qquad (5・1)$$

同様にセメントコンクリート舗装でも以下の式が導かれている．

$$p = 5.41 - 1.80 \log(1+S_V) - 0.05\sqrt{C+3.3P} \qquad (5・2)$$

ここで，p：PSI (測定時サービス指数)
S_V：内側車両通過位置の凹凸度の分布と外側車両通過位置のそれの平均
C：ひび割れ度〔m/1000 m²〕，P：パッチング度〔m²/1000 m²〕
R_D：両車輪通過位置における平均輪わだち掘れ深さ〔cm〕

次に，構造設計に対する舗装厚指数 (D) を，サービス指数，舗装因子，交通荷重の関係から求める．

以上から，PSI が 2.5 のときの車両の軸重と通過回数および舗装厚指数 (D) の関係が図 5・21 として得られている．この手法により，管理目標すなわちサービス指数 (PSI) がどの程度になれば舗装を補修するかを決めておけば，舗装厚指数が決まり，それによって構造の設計ができることになる．

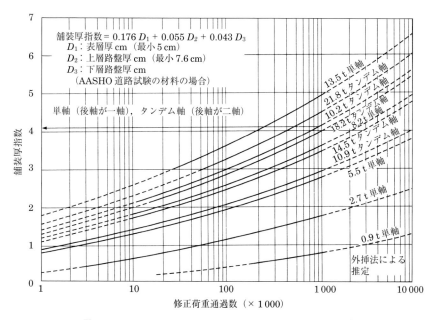

図 5・21　PSI 2.5 における舗装構造と修正軸荷重通過数の関係[6]

2　わが国における舗装構造設計の変遷

わが国で本格的な舗装の構造設計が採用されたのは，舗装の先進国であるアメリカアスファルト協会（The Asphalt Institute：AI）のアスファルトハンドブックを参考にし，わが国の気象条件など地域特性や経験を加味してつくられた昭和 25 年（1950）版のアスファルト舗装要綱（日本道路協会）においてである．

これでは路床・路盤の支持力の指標に CBR および K 値を採用し，構造設計式は輪荷重を集中荷重とし，舗装を通して荷重が角度 45° で分散するという考え方

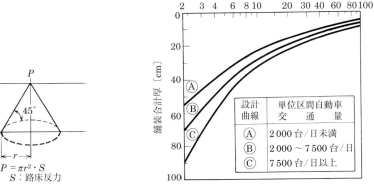

図 5・22　荷重と路床反力　　　　図 5・23　CBR 設計法

から，図 5・22 に示す荷重 (P) と路床反力すなわち路床の支持力 (S) の関係 ($P=\pi r^2 S$) が示された．

1961 年には，当時アメリカで広く用いられていた CBR 設計法を導入し，図 5・23 に示す図を用いて，単位区間の自動車交通量から舗装厚を決めた．

1962 年に ASSHO の道路試験結果が公表されたが，わが国でもこの成果を取り入れた設計法が検討され，1967 年（昭和 42 年）のアスファルト舗装要綱で，いわゆる CBR-T_A 法が示された．この設計法はその後長く使用されてきており，現在では路床の CBR による舗装の総厚規定が外されて T_A 法となっているが，基本的概念は変わっていない．

2001 年に「舗装の構造に関する技術基準」が定められ，舗装を性能で評価する考え方が示された．それに伴い，性能が確保されることが証明される場合は，その設計方法は設計者の自由裁量に委ねられることとなった．

2003 年の道路構造令の改訂により従来の標準荷重 49 kN の道路を普通道路とし，標準荷重を 17 kN とした小型道路に区分が設定された．小型道路での設計は理論設計で行うことが求められるが，従来の T_A 設計法の荷重を変更した計算での提案もなされている．

3 舗装の路面設計と構造設計

（a） 路面設計

路面設計とは，設定された路面の性能指標の値を満足するように車線数，地域特性などの路面設計条件を考慮して，路面を形成する層（一般に表層）の材料，工法および層厚までを決定する一連の行為をいう．

路面設計は，使用する材料が路面の性能に大きく影響するので，設定した性能指標の値が設計期間にわたって得られるように材料選定を行う必要がある．

路面の設計では下記の点に留意する．

① 路面の性能指標の値の設定に必要な条件

道路の状況（気象，道路の区分），交通状況（交通量，交通主体），沿道の状況から性能指標値の設定に必要な条件を設定する．

② 表層に使用する材料の特性や定数の設定に必要な条件

塑性変形抵抗性，平たん性，透水性，すべり抵抗性に関わる性能指標値を保証するための表層に使用する材料の特性や定数の設定が必要となる．また，排水性舗装や透水性舗装においては表層だけに限らず，舗装を構成する該当する層の特性も検討する．

③ 材料選定の基本的な考え方

路面の性能指標によっては必要に応じて供用後一定期間を経た時点における性能指標の値を設定することがあり，これを満足するよう路面を形成する材料の特性や定数等を決定する．**表 5・4** に自動車専用道における路面の性能指標およびその値に着目した材料選定の考え方を示す．

（b） 構造設計

わが国における舗装設計の基本的な考え方は，舗装が有すべき性能，すなわち設定された舗装の性能指標の値を満足するように，各層の構成，いいかえれば各層の材料と厚さ，その他の詳細構造を決定することである．

設定された性能指標の値を満足するものであれば，使用材料および設計方法の選定は自由である．

一般に舗装の構成は，**図 5・24** に示すように，通常表層，基層，および路盤からなり，構築路床，路床（原地盤）の上に構築される．コンクリート舗装の場合の名称は（　）内に示す．

表 5・4　路面の性能指標値とその値に着目した材料選定の考え方の例

性能指標	性能指標の値	材料の特性および定数など
①塑性変形輪数	3000 回/mm 以上	塑性変形輪数（動的安定度）3000 回/mm 以上のアスファルト混合物を用いる。
②平たん性	1.3 mm 以下	施工を定速度で連続して行うなどして，施工時に平たん性をできる限り小さくする。
③段　差	5.0 mm 以下	塑性変形抵抗性に優れた材料を使用し，コンクリート構造物手前の段差の発生を抑制する。
④浸透水量	1000 ml/15 s 以上 供用1年後 600 ml/15 s 以上	透水性能の持続性を考慮して空隙率を 20% 程度とする。
⑤すべり抵抗値 μ_{80}	0.30 以上	排水性舗装のすべり抵抗値の追跡調査結果に基づき，建設時の μ_{80} が 0.5 程度のものを採用する。

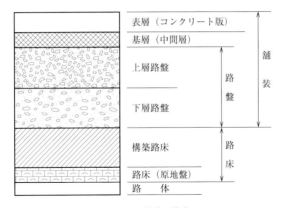

図 5・24　舗装の構成

　路盤は，一般に上層路盤と下層路盤に分けて築造される．なお，舗装の保護および予防的維持を目的として表面処理層が施される場合や，アスファルト舗装の場合，摩耗およびすべりに対処するために表層上に摩耗層を設ける場合がある．
　舗装の構造設計は，このような断面を決定する行為であるが，構造設計に必要な条件は次の通りである．
（1）交通条件：一般的に，表 5・1 に示すように，交通量の調査結果から疲労破壊輪数の基準値となる舗装計画交通量を設定し，舗装計画交通量に応じた疲労破壊輪数の区分を交通条件として用いる．
（2）基盤条件：基盤条件には地盤条件と橋面舗装の床版条件などがある．

① 地盤条件

構築路床，路床（原地盤）の設計 CBR を設定する．理論設計の場合は路体も含めた各層の弾性係数やポアソン比を設定する．

② 橋梁床版および橋面舗装

床版面上の滞水しやすい箇所は速やかに浸透水を排除できる対策を施すとともに地覆や排水ますなどとのしゃ水対策にも留意する必要がある．また，橋面舗装の補修による交通規制は，利用者に多大な影響を与えるため，床版，床組，伸縮装置などの橋梁構造との関連について充分把握したうえで橋面舗装の設計を行うことが必要である．

（3） 環境条件：環境条件には，気温，降雨量，凍結指数，舗装体温度などがある．経験にもとづく設計法では凍結指数を設定し，理論設計方法では凍結指数とともに気温，舗装体温度などを適切に設定する．

4 ライフサイクルコスト

ライフサイクルコストは，道路管理者費用*，道路利用者費用，沿道および地域社会の費用の三つに大別される．

ライフサイクルコストの算定においては，必ずしもこれらすべての項目について考慮する必要はない．ライフサイクルコストの算定は，その目的や要求される精度，工事条件，交通条件，沿道および地域条件などにより算定項目を適切に選択して行う．

ライフサイクルコストを検討する場合の構成要因を**図 5・25** に示す．具体的なライフサイクルコストの計算方法は，かなり複雑な手法となるが，ここでは，考え方を事例で説明するために，普通の舗装と長寿命舗装で，ライフサイクルコストの比較を例示する．

初期投資額，維持管理費用に加え，舗装整備による利用者便益の一部である走行時間短縮便益と，環境改善便益として騒音低減便益の2点（図 5・25 の※）についてのみ対象として示す．

---

* 道路管理者費用は道路管理者がそれぞれの積算基準などに従って算定可能である．しかし，道路利用者費用や沿道および地域社会費用はそれほど容易ではない．例えば，道路利用者費用の車両走行費用と時間損失費用を比較すると，ライフサイクルコストに与える影響は一般的には時間損失費用の方が大きい．

5・3 舗装設計の考え方

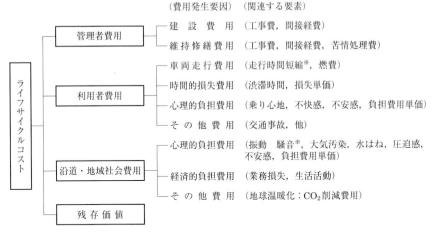

図 5・25 ライフサイクルコストの構成

① 普通舗装の利用者費用（走行時間短縮便益）
② 長寿命舗装の利用者費用（走行時間短縮便益）

舗装が改善されることによって，走行速度が平均5km/h向上したとする．これは①，②の違いはなく，走行時間短縮便益として計上する．たとえば10kmの区間を通常20分で走行（平均走行速度30km/h）していたとすると，5km/hの向上で17分となり，3分間の短縮になる．時間価値原単位（**表5・5**）から計算すると平均85円/台・分（乗用車類50％，小型貨物20％，普通貨物30％，休日68日として計算）となることから，1台当たり（85×3）＝255円の時間短縮便益を受ける．

表 5・5 時間価値原単位
〔単位：円/台・分〕

車　種	平　日	休　日
乗用車	56	84
バ　ス	496	744
乗用車類	67	101
小型貨物車	90	90
普通貨物車	101	101

注）　平成11年価格
出典：道路投資の評価に関する指針
（案）（財）日本総合研究所

1日走行台数が10 000台とすると，255×10 000＝2550千円/日，年間では2 550×365＝930 750千円/10kmの便益が生じることとなる．

これに加えて，本来は走行費用減少便益（燃料等の節約効果費用）も加わるが，ここでは省略する．

③　環境改善便益（騒音低減）

交通騒音は，低騒音舗装である程度低減できることが実証されているが，騒音を1dB低減させるのに要する費用の考え方は統一されていないので，各種の試算から次のように仮に設定する．

通常の舗装（密粒度アスファルトコンクリート舗装）路面に比較して環境騒音を平均で3dB(A)下げる低騒音舗装を対象とした場合，使用混合物費用（耐久性を同程度の混合物とする）で見ると，表層5cmの低騒音舗装で2000円/m²，普通の舗装で1000円/m²(1999(平11)年単価：概算)とする．その差は2000－1000＝1000円/m²・3dB(A)となり，1dB騒音を低下させるのに330円/m²・dB(A)の費用が多く掛かることとなる（ただし，m²は舗装面積）．

一方で，「道路投資の評価に関する指針(案)」（道路投資の評価に関する指針検討委員会編：(財)日本総合研究所）では，わが国の研究例（**表5・6**）を参考にして，騒音による被害費用を平均値として5000円/m²・dB(A)としている．これは過去から将来にわたって発生する被害費用の合計値であることから，社会的割引率を4%として年間の値を換算し，騒音の貨幣評価原単位を200円/dB(A)・m²・年としている．すなわち，1dB(A)の環境騒音を低減することは，1m²当たり200円/年の価値を生み出すこととなる（ただし，m²は騒音影響面積）．

表5・6　騒音による被害費用の研究例*⁾

研究事例	対象地域	計算値〔円/dB(A)/m²〕
内山(1983)	国道246号沿線	1300
山崎(1991)	環状七号沿線	21000
矢澤・金本(1992)	川崎市	3500
肥田野・林山(1996)	世田谷区	5300

*）：肥田野登，林山泰久，井上真志：「都市内交通がもたらす騒音および振動の外部効果の貨幣計測」，環境科学会誌，Vol.9，No.3，pp 211-219（1996）

舗装による低騒音効果の持続性の評価は未確認であるが，耐久性を密粒度アスファルト混合物と同等としたことから，その効果も同様と仮定し，10年とする．1dB騒音を低下させるのに要する投資費用330円/m²・dB(A)を，上述の例にならって10年間の社会的割引率を考慮して投資額の原単位を計算すると，28

円/m²·dB(A)·年となる.仮に騒音影響面積＝舗装面積とすると,200−28＝172円/m²·dB(A)·年の便益が生じることとなる.

④　アセットマネジメント

一般に道路・舗装は公共工事としてつくられることから,原資は税金であり,できたものは公共資産となる.したがって,この資産は道路利用者(納税者)のものであり,これを管理するにあたっては最も効率のよい便益を道路利用者に提供することが前提となる.そこで,舗装を供用する中で費用がどの程度かかるかを算定し,どの時点で補修などを行うのが最も効率がよいかを検討することになるが,その方法にアセットマネジメントがある.

概念は図5・26に示す.これはどの時点で修繕をすれば最もコストが少なくて済むかを検討するための供用性能とコストカーブの図であり,急にコストが膨大となる変曲点を見いだすことになる.図右は総コスト計算で,図5・25に示す管理者費用,利用者費用などを勘案し,総費用最小点の供用性能を管理目標として設定することにある.

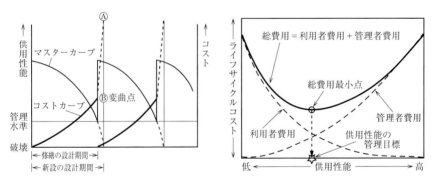

図5・26　供用性能とライフサイクルコストの算出概念図

5　舗装の性能と路面設計

前節で示した舗装性能と路面設計の関係を示すと,路面設計は,設計期間にわたって設定された路面の性能指標の基準値を満足するように,路面を形成する層(一般に表層)の材料,工法および層厚を決定するが,構造設計と関連して行うものであり構造設計に先立ち実施する.路面設計の流れを図5・27に示す.

路面に求められる機能と性能指標の関係は図5・15を参照する.

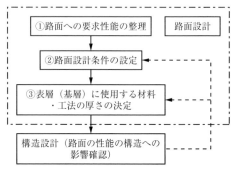

図 5・27 路面設計の流れ

① 要求性能の整理は道路管理者が道路利用者，沿道住民などからの要求性能を考慮して，② 路面設計条件の設定を行う．路面設計条件は，路面の設計期間，舗装計画交通量，路面の性能指標の値を用いる．③ 表層（基層）に使用する材料・工法は路面への要求性能を満たすため，多種多様な種類となるが，その中で最も適したものを選択する．

また，表層厚は，使用する材料が同じであっても厚さによって性能の確保が異なるので，十分な性能を発揮できる厚さの設定が重要である．材料によっては，使用骨材の最大粒径，最小施工可能厚さなどを考慮する必要がある．アスファルト系材料（混合物型）では，施工性を考慮して使用骨材の最大粒径の 2.5 倍以上の厚さを目安とする．

性能規定で定められている舗装の性能は，疲労破壊輪数を除いて基本的に路面の性能を示している．したがって，路面の設計は，道路利用者にとって非常に重要な性能であり，それゆえ設計にあたっては十分な照査が必要である．

4　アスファルト舗装の構造設計

1　信頼性を考慮した設計

舗装の設計において，設計条件を満足する舗装断面は，舗装計画交通量，路床の支持力などの設計に用いる値の，将来予測に伴うリスクなどに対応する必要が

5・4 アスファルト舗装の構造設計

ある．それには，信頼性の考え方を導入した方法が有効であり，路面設計および構造設計のいずれにも適用できる．

設計に適用する信頼性には，疲労破壊輪数や舗装計画交通量に信頼度に応じた係数を適用する方法，地盤，材料の強度などに信頼度に応じた係数を適用する方法などがあり，その使い分けが必要となる．

アスファルト舗装の構造設計では，一般に疲労破壊輪数に信頼度に応じた係数を適用する．

従来から用いられてきた構造設計法（T_A 法）で構築されたアスファルト舗装について，平成 9 年に実施された耐用年数に係わる調査で，設計期間 10 年として設計された舗装の平均的な耐用年数が 10 年を大きく超えていることが明らかになり，T_A 法により設計された舗装は所要の疲労破壊輪数を有すると認められた[7]．また，耐用年数が 10 年以上である確率が 82.6～93% であり，結果的に従来の T_A 法で用いられてきた設計式（$T_A = 3.84 \, N^{0.16}/CBR^{0.3}$）が信頼度 90% であることが確認された．

図 5・28 に信頼度別の設計期間後の舗装の疲労破壊状況のイメージとその内容を示す．

信頼度 50%	信頼度 75%	信頼度 90%
50%健全 / 疲労破壊	75%健全 / 疲労破壊	90%健全 / 疲労破壊
疲労破壊を起こすまでの設計期間を上回るものが全体の 50%	疲労破壊を起こすまでの設計期間を上回るものが全体の 75%	疲労破壊を起こすまでの設計期間を上回るものが全体の 90%
交通量換算　1 倍	交通量換算　2 倍	交通量換算　4 倍
① $T_A = 3.07 N^{0.16}/CBR^{0.3}$	② $T_A = 3.43 N^{0.16}/CBR^{0.3}$	③ $T_A = 3.84 N^{0.16}/CBR^{0.3}$

図 5・28　信頼度別　設計期間後の舗装の疲労破壊状況図
注 1)　上図の疲労破壊部分はひび割れ率 20% 以上である．
注 2)　例えば，50% の T_A 式の N（疲労破壊輪数）に 4 を代入（N を 4 倍）すれば，信頼度 90% の T_A 式になる．

2　T_A 設　計　法

アスファルト舗装の基本的な構造は図 5・24 に示すものである．この舗装の各層の厚さと材料を決めることを構造設計という．

T_A 法により設計する場合，図 5・28 の最下段の設計③式から分かるように，路床の設計 CBR と N（疲労破壊輪数）から計算される．手順は以下のとおりである．

① 設計③式は図 5・28 にあるように，信頼度によって係数が変わることから，まず信頼度を決定する．路線の重要性や初期コストなどを考慮し，道路管理者が決めるものであるが，一般的には信頼度 90％（設計③式）で設計される．

② 路床の設計 CBR を調査・算定し決定する．

③ 舗装計画交通量および設計期間により**表 5・7** を参考に疲労破壊輪数（N）を決定する．

④ 舗装の各層の構成および厚さは，表層・基層および路盤各層の最小厚さ（**表 5・8，表 5・9**）を参考に各層を想定し，式（5・3）および**表 5・10** から T_A' を求める．

表 5・7 舗装計画交通量と疲労破壊輪数の基準値

舗装計画交通量 （単位　1 日につき台）	疲労破壊輪数 （単位　10 年につき回）
3 000 以上	35 000 000
1 000 以上 3 000 未満	7 000 000
250 以上 1 000 未満	1 000 000
100 以上　250 未満	150 000
100 未満	30 000

表 5・8　表層と基層を加えた最小厚さ

舗装計画交通量（台/日・方向）	表層と基層を加えた最小厚さ〔cm〕
$T<250$	5
$250 \leq T < 1000$	10 (5)
$1000 \leq T < 3000$	15 (10)
$3000 \leq T$	20 (15)

注 1）　舗装計画交通量が少ない場合は，3cm まで低減することができる．
注 2）　上層路盤に瀝青安定処理工法を用いる場合は，（　）内の厚さまで低減できる．

表 5・9　路盤各層の最小厚さ

工法・材料	一層の最小厚さ
瀝青安定処理	最大粒径の 2 倍かつ 5cm
その他の路盤材	最大粒径の 3 倍かつ 10cm

5・4 アスファルト舗装の構造設計

表 5・10 舗装各層に用いる材料・工法の等値換算係数

使用する層	材料・工法	品質規格	等値換算係数 a_i
表層 基層	加熱アスファルト混合物	ストレートアスファルトを使用 混合物の性状はマーシャル安定度試験に対する基準値	1.00
上層 路盤	瀝青安定処理	加熱混合：安定度 3.43 kN 以上	0.80
		常温混合：安定度 2.45 kN 以上	0.55
	セメント・瀝青安定処理	一軸圧縮さ 1.5〜2.9 MPa 一次変位量 5〜30（1/100 cm） 残留強度率 65％ 以上	0.65
	セメント安定処理	一軸圧縮強さ〔7 日〕2.9 MPa	0.55
	石灰安定処理	一軸圧縮強さ〔10 日〕0.98 MPa	0.45
	粒度調整砕石 粒度調整鉄鋼スラグ	修正 CBR 80 以上	0.35
	水硬性粒度調整鉄鋼スラグ	修正 CBR 80 以上 一軸圧縮強さ〔14 日〕1.2 MPa	0.55
下層 路盤	クラシャラン，鉄鋼スラグ，砂など	修正 CBR 30 以上	0.25
		修正 CBR 20 以上 30 未満	0.20
	セメント安定処理	一軸圧縮強さ〔7 日〕0.98 MPa	0.25
	石灰安定処理	一軸圧縮強さ〔10 日〕0.7 MPa	0.25

$$T_A' = \sum_{i=1}^{n} a_i \cdot h_i \qquad (5\cdot3)$$

T_A'：仮設定した等値換算厚

a_i：舗装各層に用いる材料・工法の等値換算係数（表 5・10 による）

h_i：各層の厚さ〔cm〕

⑤ 式（5・3）で計算した T_A' と設計③式で計算した必要 T_A とを比較し，T_A' が T_A より大きく，かつ経済性等合理的諸条件を満足していれば最終断面として決定する．

以上の流れは図 5・29 のようになる．

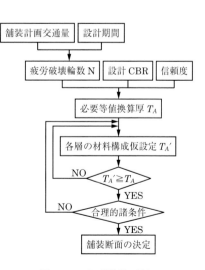

図 5・29　T_A 設計法の流れ

3 理論的設計法

アスファルト舗装の構造を理論的に設計する場合，舗装の各層を弾性体とみなして，有限要素法や弾性理論による解析から，舗装（特に表層）の下面に発生する応力やひずみを計算し，その結果を破壊基準と比較して疲労破壊輪数を求め，断面を決定する．なお，この設計法による舗装断面が所用の疲労破壊輪数を有するかどうかは，全く同様の実績を有する構造の場合を除き，完成直後の舗装体から評価することが必要となる．評価方法は，5.2.4(a)に示す．

何層も重なった弾性体の板は，上からの荷重が相接する2層間の弾性係数の比によって分散し，下層に伝達される（図5・30）．そのときに各層に発生する応力とひずみは弾性理論の基本式 σ（応力）$=E$（弾性係数）$\times \varepsilon$（ひずみ）で表される．これらの関係を厳密解で求めるのが，いわゆる弾性理論による計算である．

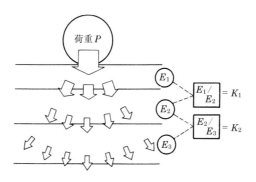

図 5・30　荷重の分散

設計条件としては次のものがある．

（1）**路床条件**　T_A 法と同様，設計 CBR を設定し，一般には弾性係数 $E_s=10\,\mathrm{CBR}$ (MPa) を用いている．

（2）**環境条件**　アスファルト混合物に影響を与える季節による温度条件を設定する．

（3）**荷重条件**　一般的には，タイヤの接地面を円形荷重とし，輪荷重 P〔kN〕と接地半径 r〔cm〕を設定する．なお，輪荷重と接地半径の関係は，一般に $r=12+P/10$ を用いるが，タイヤ空気圧 A〔MPa〕を考慮する場合は，次式を用いることもできる．

$$r = \sqrt{\frac{8.45 \times P - 357.1 \times A + 510.8}{\pi}} \qquad (5 \cdot 4)$$

（4） **材料条件**　各層の弾性係数（elastic modulus）およびポアソン比（Poisson ratio）を**表5・11**の範囲で決定する．

表5・11　材料物質の値の範囲の例

使用材料	弾性係数〔MPa〕	ポアソン比
アスファルト混合物	600〜10000	0.25〜0.45
セメント系混合物	1000〜15000	0.10〜0.20
粒 状 材	100〜600	0.30〜0.40
路 床	設計CBR×(4〜10)	0.30〜0.50

以上の条件を，コンピュータで計算し，表層の下面のひずみ，応力を算出し，**図5・31**に示すひずみと破壊回数の関係から適切な舗装構造を決定する．

なお，計算の手法は**図5・32**に示す手順で行う．

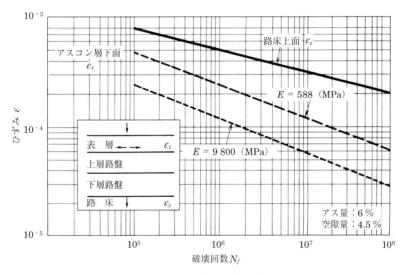

図5・31　ひずみと破壊回数

注）破壊規準式は多くの提案がなされているが，1事例として図5・31に米国アスファルト協会（AI）の破壊規準を示した．

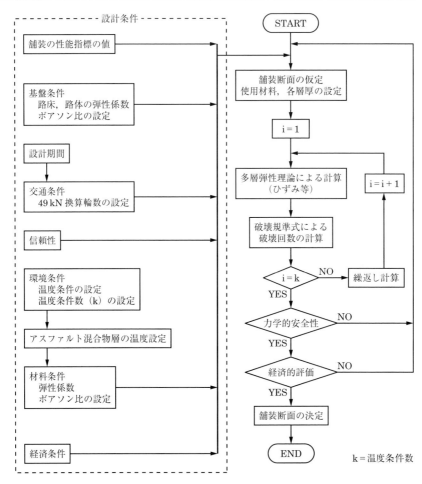

図 5・32 理論的設計方法による構造設計の具体的な手順[7]

5　セメントコンクリート舗装の構造設計

　セメントコンクリート舗装の基本的な構造は図5・24に示すもので，アスファルト舗装とほぼ同様であるが，路盤に粒状路盤材を用いる場合は，耐水性や耐久性を改善するために，特に N_6，N_7 交通ではコンクリート版の直下に中間層を設ける．

　中間層は一般に加熱アスファルト混合物を4cmの厚さで用いるが，これを設

けた場合は，粒度調整砕石路盤では厚さ 10 cm，セメント安定処理路盤では厚さ 5 cm を低減できる．ただし，この場合でも低減後の路盤厚は 15 cm 以上とする．

セメントコンクリート舗装の構造設計は，路盤厚の設計と，コンクリート版厚の設計に分けて行う．

1　路盤厚の設計

路盤厚の設計には，支持力係数による方法と CBR による方法がある．

支持力係数による方法は，路盤上面での平板載荷試験による支持力係数が N_5，N_6，N_7 交通では $K_{30}=200\,\mathrm{MPa/m}$，$N_1 \sim N_4$ 交通では $K_{30}=150\,\mathrm{MPa/m}$ 以上となるようにする．

一般には**図 5・33** に示す路盤厚の設計曲線を用いて，路床の支持力係数との比から路盤厚を求める．具体的な設計の手順は次のとおりである．

(1) 平板載荷試験により，路床の設計支持力係数（K_2）を求める．
(2) 路盤の支持力係数（K_1）を舗装計画交通量により決定する（200 MPa/m または 150 MPa/m）
(3) K_1/K_2 を求め，図 6・23 の横軸からの垂線と，予定している上層路盤材料の種類との交点の位置から縦軸の路盤の設計厚を読み取る．

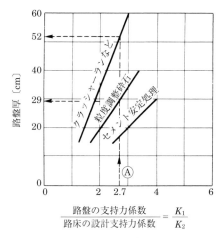

図 5・33　路盤厚の設計曲線[7]
（直径 30 cm の載荷板を用いる場合）

(4) 路盤厚が 15 cm 以下の場合は 15 cm とする．
(5) 路盤厚が 30 cm 以上となる場合は，上層路盤と下層路盤に分ける．

上層路盤と下層路盤に分ける場合は，以下のようにする．

(6) 下層路盤の種類と厚さを仮に設定する．一般には，下層路盤材料としてクラッシャーランを用い，上層路盤には粒度調整砕石あるいはセメント安定処理を用いる．
(7) 上層路盤上面の支持力係数 K_1（200 MPa/m）と路床の設計支持力係数 K_2 の比 $K_1/K_2=X_1$ を求める．

(8) 図 5・34 から，仮に決めた下層路盤の厚さ（たとえば 20 cm）位置を縦軸にとり，その位置からの水平線と下層路盤材料（クラッシャーラン）との交点を求める．この交点を⊗とし，この点から上層路盤材料の線の勾配と平行線を引く．
(9) 先に計算した X_1 を横軸にとり，垂線と平行線の交点を⊙とする．
(10) ⊙から水平線を引き，縦軸との交点の値が路盤の総厚 Y_1 となる．
(11) アスファルト中間層を用いる場合は，アスファルト中間層 4 cm に相当する厚さとして，粒度調整砕石路盤の場合は 10 cm，セメント安定処理の場合は 5 cm の厚さを低減してよい．

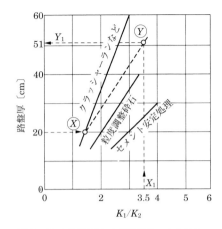

図 5・34 下層路盤と上層路盤をつくる場合の設計例[7]

路床の支持力（設計 CBR）によって路盤厚を決める場合は，**表 5・12** によって設定する．

表 5・12 設計 CBR と路盤厚の関係[7]

〔単位：cm〕

交通量区分の名称	路床の設計 CBR	(2)	3	4	6	8	12 以上
N_1 ～ N_4 交通		(50)	35	25	20	15	15
N_5, N_6, N_7 交通		(60)	45	35	25	20	15

(注) 1. 本表に示す路盤厚は，粒度調整砕石路盤を用いた場合である．なお，下層路盤と上層路盤に分ける場合は図 5・34 に示す方法を参考にするとよい．
2. 路床が深さ方向に土質の異なるいくつかの層をなしている場合の設計 CBR は「舗装設計施工指針」付録 4　1-2 路床の設計に示す方法によって求めた路床面より深さ 1m までの平均 CBR を用いる．
3. 路床の設計 CBR が 2 以上 3 未満のときには路床の構築を検討する，あるいは遮断層を設けるものとするが，この場合，路盤厚の決定には構築路床の，または遮断層を除いた路床の設計 CBR を用いる．

2　コンクリート版厚の設計

コンクリート版厚の設計方法は，一般には交通量区分によって決める方法によるが，大規模工事で設計条件が高い精度で設定される場合や路盤の支持力が特別

に小さいまたは大きい場合，交通荷重が特に大きい場合，さらにスリップフォームペーパーを用いて施工する場合で，版厚を任意に選択できる場合などは設計公式を利用して設計する．

(a) 一般的な設計法

舗装計画交通量によってコンクリート版厚を決める場合は，供用開始5年後の大型車交通量を推定して，**表 5·13** によって決定する．

表 5·13 コンクリート版の厚さ[7]

交通量区分の名称	舗装計画交通量〔台/日・方向〕	コンクリート版の厚さ〔cm〕
$N_1 \sim N_3$ 交通	100 未満	15(20)
N_4 交通	100 以上 250 未満	20(25)
N_5 交通	250 以上 1000 未満	25
N_6 交通	1000 以上 3000 未満	28
N_7 交通	3000 以上	30

(注) ( ) 内は設計基準曲げ強度を 3.9 MPa とする場合である．

(b) コンクリート版の設計公式による設計法

計算によってコンクリート版厚を決めるのは，一般に大規模工事で設計条件が高い精度でわかる場合や，厚さを自由に設定できる工法を用いる場合などである．

コンクリート版の設計公式は縦縁部（自由縁部または突合せ目地縁部）の輪荷重応力および温度応力の二つの公式によって成り立っている．それぞれの公式は以下のとおりである．

$$\sigma_e = (1+0.54\mu) \cdot C \cdot \frac{P}{h^2}(\log l - 0.75 \log a - 0.18) \tag{5·5}$$

ここで，σ_e：コンクリート版縦縁部の最大応力〔MPa〕

μ：コンクリートのポアソン比

C：係数（縦自由縁部に対して 2.12，適当量のタイバーを用いた縦目地縁部に対して 1.59）

P：輪荷重〔kN〕，h：コンクリート版の厚さ〔cm〕

l：コンクリート舗装の剛比半径 $=\sqrt{\dfrac{E \cdot h^3}{12(1-\mu^2)K_{75}}}$〔cm〕

E：コンクリートのヤング率〔MPa〕

K_{75}：路盤の支持力係数〔MPa/m〕

a：タイヤの接地半径 $=12+P/10$〔cm〕

$$\sigma_t = 0.35 \cdot C_w \cdot \alpha \cdot E \cdot \theta' \tag{5・6}$$

ここで，σ_t：コンクリート版縦縁部の温度応力〔MPa〕

C_w：そり拘束係数，α：コンクリートの膨張率〔℃$^{-1}$〕

θ'：コンクリート版の温度差（版上面温度－版下面温度）〔℃〕

各公式を計算するための必要条件は以下のとおりである．

(1) 路盤の支持力係数 K_{75}，一般には $K_{75} = 70\,\mathrm{MPa/m}$

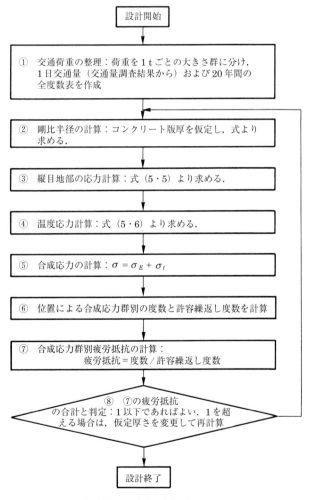

図 5・35　コンクリート版厚の算定手順[7]

(2) コンクリート版の基準曲げ強度 σ_{bk}，一般には $\sigma_{bk} = 4.4\,\text{MPa}$
(3) コンクリートのヤング率 E，一般には $E = 34\,000\,\text{MPa}$
(4) コンクリートのポアソン比 μ，一般には $\mu = 0.25$
(5) コンクリートの膨張率 α，一般には $\alpha = (6 \sim 14) \times 10^{-6}/^\circ\text{C}$

以上の与件をもとに，**図 5・35** の手順で計算する．

なお，これらの計算は，実際上はコンピュータによる場合が多いが，手計算する場合は，それぞれ必要な計算図表が準備されているので，それを利用する．

◆ 参 考 文 献 ◆

1) 名嵐，ほか：排水性舗装の騒音低減効果の改善に関する研究，交通工学（1992.5）
2) 稲垣，ほか：まんがで学ぶ舗装工学，新しい性能を求めて，建設図書（2005.10）
3) 日本道路協会：舗装調査・試験法便覧（第 1 分冊）（平成 19 年 6 月）
4) 日本道路協会：舗装性能評価法―必須および主要な性能指標編―（平成 25 年 4 月）
5) 日本道路協会：舗装性能評価法―必要に応じて定める性能指標の評価法編―（平成 20 年 3 月）
6) セメント協会：AASHO 道路試験（1996）
7) 日本道路協会：舗装設計便覧（平成 18 年 2 月）
8) 日本道路協会：舗装の構造に関する技術基準・同解説

第5章 舗　装　の　設　計

1. 舗装の役割について記せ．
2. 交通量区分の名称が C 交通の道路で，路床の支持力（設計 CBR）が 4，設計期間 10 年，信頼度 90% の場合，下層路盤にクラッシャーラン（修正 CBR＝30），上層路盤に粒度調整砕石を使用し，表層，基層にアスファルト混合物を用いる場合の各層の厚さを設計せよ．
3. 交通量区分の名称が D 交通の道路で，路床の支持力係数が 53 MPa/m，次のような舗装構成の場合，必要な舗装厚を計算し，□ の中に記せ．

コンクリート版	$t =$ □ cm
中間層	$t =$ □ cm
粒度調整砕石	$t =$ □ cm
クラッシャーラン	$t = 20$ cm

路床　設計支持力係数＝53 MPa/m

道路の施工

第6章

バスレーンのカラー化による景観舗装

　道路の施工技術は，道路の基盤づくりとなる土工，道路を直接利用できるようにする舗装，河川等を渡る橋梁，山をくりぬけるトンネル等の構造物の施工と幅広い技術が求められる．こういった技術は，従来熟練技術者・労働者による技術の継承に頼ってきた部分が大きいが，最近は建設施工の生産性向上，品質確保，安全性向上，熟練労働者不足への対応など，建設施工が直面している諸課題に対応するICT施工技術（情報化施工）の普及が急がれている．

1 最近の道路施工技術

1 情報化施工技術

「情報化施工」は、施工に必要なデータをICT (Information and Communication Technology：情報通信技術)を活用して取得あるいは提供し、建設機械などをコンピュータで制御し、正確で効率的な施工を実現する施工方法をいう。また、施工で得られる電子情報は、他のプロセス、例えばCALS/ECやデータベース構築などにも活用される。

ICT施工技術（情報化施工）の普及は、建設施工の生産性向上、品質確保、安全性向上、熟練労働者不足への対応など、建設施工が直面している諸課題に対応することが可能であることから、注目を浴びている。

国としても「情報化施工推進戦略」を立て、建設施工のイノベーションを実現することを目的とし、情報化施工の普及に向けて克服すべき諸課題の解決に向けた対応方針およびスケジュール、具体的な目標などについて検討を行っている。

情報化施工の具体的な事例として、三次元設計データによるマシンコントロール、TS*・GNSSによる出来形管理、ICTを活用した品質管理、施工情報の統合管理などがある（図6・1参照）。

なお、GNSSに対応する衛星システムは世界各国によって採用されており、アメリカではGPS、ロシアではGLONASS、ヨーロッパ共同体ではGalileo、中国ではCompassなどがある。わが国では宇宙航空研究開発機構（JAXA）が衛星測位技術の高度化を実現するため、準天頂衛星システムの実用化に向けて着手している。

情報化施工は、機能面からは大きく二つに分けることができる。

一つは、ICTを用いて建設機械の自動化を図る機能である。例えば、ブルドーザやグレーダの排土板をGNSS（汎地球測位航法衛星システム）やTS（トータル

＊　TS：トータルステーション（Total Station）は測量機器の一つで、水準測量のレベル、角度を測るトランシット、距離を測るメジャーテープを一つに組み込んだような測器具で、コンピュータや汎地球航法衛星システムGNSS（Global Navigation Ssatellite System）測量に対応するアンテナなどを備えたもので、正確な位置情報を収集できる。

6・1 最近の道路施工技術

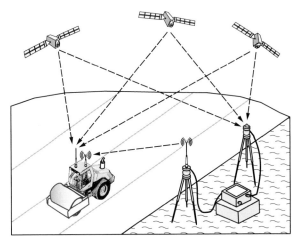

図 6・1 GNSS によるローラの締固め管理のイメージ図

ステーション）を利用して自動制御し，オペレータの操作を簡略化することができる．この技術では，建設機械に搭載したコンピュータに電子地図や出来形の情報（設計データ）を入力しておき，制御装置を通して所定の出来形になるように排土板が自動的に操作される．このため，丁張りを大幅に削減して施工を行うことも，夜間作業も可能になる．さらに，情報化施工技術を利用しない場合と比べて効率的に作業を進めることができるため建設機械の稼働時間が短くなり，結果として工事に伴う CO_2 排出量の抑制効果も期待することができる．高齢化などで熟練オペレータが不足しつつある今日，このような自動化技術を導入しているケースが徐々にではあるが増えてきている．

　もう一つの機能は，施工で得られる情報を現場で実務にたずさわる技術者の判断の高度化に利用する機能である．従来，基準やマニュアルが整備されていたことから，効率的に所定の品質の社会基盤整備を達成することができた．

　このことは，基準やマニュアルによる一律管理の疑うべくもない成果といえ，20世紀型社会基盤整備の最も大きな特徴といえる．一方で，一律管理は，不確定要因に起因する無駄を避けることができないという課題を有している．すなわち，一般の建設工事では，天候や地質のばらつきに代表される不確定要因を前提に構造物の設計や施工計画を作成せざるを得ないため，一律管理にしたがう限りは，これらの過程では安全率の導入など，余裕をもった計画を立てることになる．

しかしながら，限られた資源の有効利用や工事に伴う環境への影響軽減，構造物の品質の向上に関する要求が高まる今日，基準やマニュアルにしたがう一律管理だけでは，これらの要求に十分には応えることができず，一律管理に加えて現場の状況に応じて柔軟に対応する個別評価の仕組みを取り入れることが求められる．

すなわち，21世紀の社会基盤整備では，基準やマニュアルを標準としつつも，それを絶対的なものとせず，現場の状況に応じて柔軟に対応することでより精緻な工事を行うことが求められ，これを実現するために，技術者にはこれまで以上に高度な判断力を有することが要求されることになる．情報化施工は，質のよい情報を技術者に提供し，的確な判断を引き出すという技術者の判断支援の役割を担っている．

わが国の労働力不足等の環境を踏まえ，新たなる建設生産性の向上，魅力ある建設現場を目指す新しい取組として，情報化施工技術に加え平成28年頃からi-Constructionの概念が具体的に検討・推進されてきている．基本は個々の生産性の向上，企業経営環境の改善等幅広いもので，今後の進展が期待される．

2　VR（Virtual Reality）による設計検証

三次元データによる，不可視部分の可視化が可能となっており，例えば地下埋設物の配置などのプラットホームとしてVR技術が生かされる．

さらに，動的シミュレーションとして，排水構造の設計段階で，どの程度の集中豪雨などが発生した場合，その周辺の冠水状況などもダイナミックに可視化でき，設計の検証が可能となる．（**図6・2**参照）

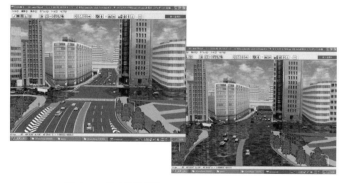

図6・2　排水構造設計シミュレーションイメージ図

3 CIM (Construction Information Modeling/Management) の導入

CIM とは，建築分野での BIM (Building Information Modeling) を建設分野に拡大導入して，建設事業全体での生産性の向上を図ることを目的とするもので，土木構造物の三次元モデルをつくり，設計する手法である．先に示した VR も CIM の一つであるが，三次元モデル設計では内部まで可視化できるため，二次元の図面と比較し，より直感的に設計内容が判断できる．（**図 6・3** 参照）

その他期待される効果としては，
・情報の有効活用（設計の可視化）
・設計の最適化（整合性の確保）
・施工の効率化，高度化（情報化施工）
・構造物情報の一元化，統合化
・環境性能評価，構造解析等・維持管理の効率化，高度化などが挙げられる．

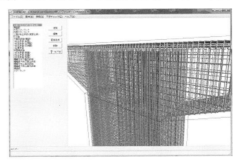

図 6・3　3D による橋脚配筋設計例（3 DCAD-フォーラムエイト）

CIM を本格的に導入するためには，三次元に対応したハード・ソフトの技術開発，基準や制度の新たな策定や見直し，さらに，実際の事例の積み重ねや必要に応じた見直し等，建設システム全体で大幅な見直しが必要であり，相当に大きな変化が必要である．

施工手順の VR シミュレーションによる検証や，景観設計に VR を用いて合意形成を行う（**図 6・4** 参照）なども，CIM の一環として今後の活用が期待されている．

図 6・4　VR による景観シミュレーション事例（伏見工業高校作品）

2 土工および路床・路盤の施工

　土工事は一般に切土，盛土および軟弱地盤が対象となる．それぞれについて調査，材料，施工，施工管理などの概要を示す．

1　切　　土

- のり面の安定に関する設計は，詳細調査により判断することが望ましいが，特に問題がない場合には，経験に基づく標準のり面勾配や周辺の既設切土のり面の状況を参考にして行ってもよい．
- 施工時においては，地山の不均質性による調査の不確実性もあり，湧水などの問題のある箇所が見つかることが多い．
- 施工後も，施工面以深の地盤状況は不確実であり，また風化による経年変化に対応するためにも維持管理が重要である．
- 切土工は，自然環境の改変を伴うため，周辺環境や道路内外景観に配慮しなければならない．

　切土の施工における基本的な掘削方法としては，ベンチカット工法（階段式掘削）とダウンヒルカット工法（傾斜面掘削）がある．ベンチカット工法は階段式に掘削を行う工法で，ショベル系掘削機やトラクタショベルによって掘削積込みが行われ，地山が硬いときは発破を使用し掘削する．この工法は工事規模が大きい場合に適し，掘削機械などに見合ったベンチ高さの選定が必要である．

　ダウンヒルカット工法は，ブルドーザ，スクレープドーザ，スクレーパなどを用いて傾斜面の下り勾配を利用して掘削し運搬する方法である（図6・5）．

2　盛　　土

　盛土は，道路，鉄道，地盤造成などを構築するときに，土または砂れきを材料として土を盛り立てることである．つくられる目的によって盛土が必要とする性質，破壊を起こした場合の被害の程度と復旧の難易などからの設計にあたって考慮すべき事項や調査検討方法には差があり，また施工中の品質管理なども異なってくる．

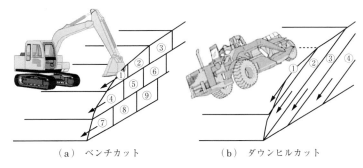

(a) ベンチカット　　　　(b) ダウンヒルカット

図 6・5　切土の施工法

(a) 盛土材料

盛土に用いる材料は，敷均し・締固めが容易で締固め後のせん断強度が強く，圧縮性が小さく，雨水などの侵食に強いとともに，吸水による膨潤性が低いことが望ましい．

(b) 締固め基準

土の締固めは，重要な作業であるから，盛土の設計にあたっては，締固めの程度，締固め時の含水比，施工層厚などの締固めに関する基準を定めておく必要がある．この規定の方式には，大別して品質規定方式と工法規定方式がある．

(1) 品質規程方式　品質規程方式で規定する品質には密度，含水量，強度・変形の項目があり，それぞれ適切な試験・測定方法で定量的に確認し，品質基準が決められている．主な計測法などを以下に示す．

① 基準試験の最大乾燥密度，最適含水比を利用する方法

最も一般的な方法で，現場で締め固めた土の乾燥密度と，基準の締固め試験における最大乾燥密度との比（締固め度）を規定する方法である（**図6・6**）．

締固め度（％）の計算式は以下の通りである．

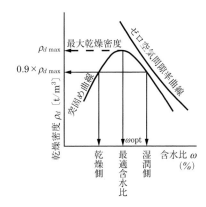

図 6・6　乾燥密度で規定する方法

$$締固め度 = \frac{現場締固め後の乾燥密度（\rho_d）}{最大乾燥密度（\rho_{dmax}）} \times 100$$

② 空気間隙率または飽和度を施工含水比で規定する方法

締め固めた土が安定な状態である条件として，空気間隙率または飽和度を一定の範囲内にあるように規定する方法で，現場における締め固めた土の飽和度および空気間隙率は，現場の土の湿潤密度を測定し，計算する．

③ 締め固めた土の強度，変形特性を規定する方法

締め固めた盛土の強度あるいは変形特性を貫入抵抗，現場CBR値，プルフローリングによるたわみ量，重錘落下による衝撃加速度などの値によって規定する方法である．またこの方法は盛土が必要とする特性と直接関係が強く，管理，検査が簡単であるが，土の含水比によって強度が変化する粘土，粘性土など，測定を実施する時期によって測定値がかなり変化するような場合は不適当である．

（2） **工法規程方式**　締固め機械，まき出し厚，締固め回数などの工法そのものを規定する方法であり，盛土材料の土質，含水比があまり変化しない現場に適用する．

管理方法として，タスクメータやタコメータを利用する方法，トータルステーション（プリズム方式，ノンプリズム方式）を利用するなど，情報化施工との組合せで効果的な品質管理が期待できる．

3　軟弱地盤対策

一般に軟弱地盤とは，主として粘性土あるいは有機質土からなり，含水量がきわめて大きく，せん断強さの小さな軟弱な地盤で，盛土工や構造物の安定・沈下に影響を与える恐れがあることから，その対策の検討は重要である．

（a）**軟弱地盤対策工法**

軟弱地盤対策工としては次のようなものがある．

① サンドマット工法：軟弱地盤上に砂層などを施工する工法であり，軟弱地盤の圧密のための上部排水，地下水の上昇抑制，施工機械のトラフィカビリティの向上を図る．軟弱地盤改良工法の基本形とも言える．

　なお，粘土層の上部，中間部に砂層が分布している地盤で地下水位が高い場合，ウェルポイント工法で揚水し，地下水位を低下させると同時に，大気圧が載荷重として働き，地盤を締め固めたり，地下水を低下させて掘削作業

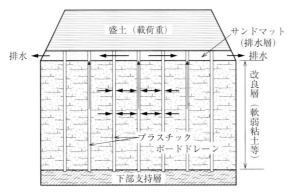

図 6・7　サンドマット工法の仕組み

を容易にする方法などがある（図6・7参照）．

② 緩速載荷工法：段階的に盛土を載荷し，盛土を放置して基礎地盤の圧密による強度の増加を図る工法．

③ サーチャージ工法：設計盛土荷重以上の荷重（余盛り部）を加えて沈下を促進し，見かけの沈下速度を速めるとともに残留沈下量を減少させ，その後に余盛り部を取り除く工法．

④ ジオテキスタイル工法：基礎地盤の表層或いは盛土下部層にジオテキスタイルを敷設し，基礎地盤を通るすべり破壊に対する安定を確保する工法．

⑤ 抑え盛土工法：盛土本体の側道部に小盛土を行い，基礎地盤のすべり破壊に対し抵抗するモーメントを増し，すべり破壊を防止する工法．

⑥ バーチカルドレーン工法：粘性土および泥炭地盤中に鉛直な排水材を設け，排水距離を短縮して圧密排水を促進し併せて地盤のせん断強さの増加を図る工法．材料により，サンドドレーン工法，カードボードレーンがある．

⑦ サンドコンパクションパイル工法：地盤に締め固めた砂ぐいを造って軟弱層を締め固めるとともに，砂ぐいの支持力によって安定を増すことにより，沈下対策としての全沈下量の減少，および安全対策としてのすべり抵抗などが期待でき，そして二次的効果として圧密沈下の促進，せん断変形の抑制なども併せ持っている．

⑧ 深層地盤混合処理工法：セメントやセメントミルクなどの固結材を軟弱土と攪拌翼で混合し，地盤を固結させすべり破壊抑制，沈下抑制，変状抑制を

目的とする工法．
⑨　軽量盛土工法：盛土に軽量材料を用いて載荷重を軽減し，盛土の安定，地盤の変状対策を図る工法．

(b)　軟弱地盤改良工法

耐震設計上，土質常数を低減または無視する土層として，ゆるい砂層と軟弱な粘土層を規定されている．したがって地盤改良では，地震時に横抵抗が期待できる程度に改良し，有効根入れ深さを確保することが必要である．

地盤対策工法で用いる工法も，改良工法として採用する場合もある．
①　ゆるい砂層に対する地盤の改良：砂層に対する地盤改良（液状化防止対策を含む）の代表的な工法には，バイブロフローテーション工法，ロッドコンパクション工法，サンドコンパクション工法などがある．
②　軟弱な粘性土に対する地盤改良：代表的な粘性土地盤の改良方法として，サンドドレーン工法，パックドレーン工法，生石灰パイル法，ペーパードレーン法などがある．

4　路床・路盤の工法と施工

路床には，切土路床と盛土路床がある．それぞれ施工の留意点が異なる．

(a)　切土路床

切土路床は，施工に際してこね返しや過転圧にならないように留意して，在来地盤を掘削，整形し，締め固めて仕上げる．なお，路床部分で表面から 30 cm 程度以内に木根，転石その他路床の均一性を著しく損なうものがある場合には，取り除いて仕上げる．

切土で排水構造が構成できない場合は，降雨などへの対策として，必要に応じて集水用のピットを設けるなどの検討をする．

(b)　構築路床

構築路床の築造工法には，盛土，安定処理工法(セメント，石灰など)，置換工法および凍上抑制層がある．工法の選定は，原地盤の支持力，目標とする路床の支持力（設計 CBR）と計画高さ，残土処分地および良質土の有無など，地域性，施工性，経済性，安全性および環境保全等を勘案して最適な工法を選定する．

(1)　盛　土　　盛土は，原地盤の上に良質土を盛り上げて構築路床を築造する工法である．良質土のほかに，地域産材料を安定処理して用いることもある．

盛土路床の施工に当たっては，以下の点に留意する．
・一層の敷きならし厚は，仕上がり厚で 20 cm 以下を目安とする．
・盛土路床施工後の排水対策として，縁部に仮排水溝を設ける．

（2）**安定処理工法**　安定処理工法は，現位置で現状路床土とセメントや石灰等の安定材を混合し，締め固めて仕上げ，支持力を改善して構築路床を築造する工法である．

安定処理工法は，CBR が 3 未満の軟弱土に適用する場合と，舗装の長寿命化や舗装厚の低減あるいは路床の排水や凍結融解対策などを目的として設計 CBR が 3 以上の路床に適用する場合がある．

（ⅰ）**安定材の選定**　安定材は，通常，砂質土に対してはセメントが，粘性土に対しては石灰が適している．しかし，砂質土でも均質でなく，含水比が高く（軟弱地盤）セメントだけでは固めることができない場合がある．粘性土の場合も同じで，有機質土（腐食土など）が混ざっている場合，石灰単体では固化できない場合がある．対象の土の多くが砂質系であればセメントを主体に各種の有効成分（石膏や水砕スラグその他）を混ぜたセメント系固化材，シルトや粘土系の土が多い場合は石灰に各種の有効成分（石膏や水砕スラグその他）を混ぜて作った石灰系固化材が使われる．

特に含水比が高く生石灰でも消化しきれない場合や，有機質土があり固化できない場合などは，石膏の添加でエトリンガイト（セメント中のアルミネート相と石膏の反応で水和初期にできる針状結晶で，早い時期に強度が発現するセメント水和物）が生成され，短時間にある程度の作業ベースを築造することが可能である．なおこの場合，膨張性がある場合もあり，事前に配合設計の段階で十分な確認を行う必要がある

（ⅱ）**路床安定処理の配合設計**　安定処理の配合設計は安定材添加量を目標とする CBR との関係から決定し，その量に割増率を乗じて設計添加量とする割増率方式と，目標とする CBR に安全率を乗じて添加量を求める安全率方式がある．図 6・8 に目標 CBR 12 と目標 CBR 8

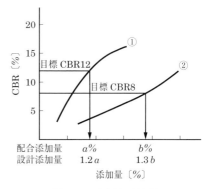

図 6・8　安定材の添加量

の場合の添加量決定の関係を例示する．

　安定材の添加量は，予測される添加量を中心に数％ずつ3点程度変化させ，図6・8のような曲線（①，②）を描く．一般に砂質系の土では①のような，粘性土系では②のような曲線が得られる傾向にある．ここで求めた配合添加量（a, b）に対し，現場作業でも同じ効果が得られるよう設計添加量は割増しを行うが，安定材の割増率は，一般に処理厚 50 cm 未満の場合は 15～20％，処理厚が 50 cm 以上の場合は，砂質土で 20～40％，粘性土で 30～50％ の範囲とする．

　（iii）　**安定処理工法の施工**　　安定処理工法の施工の手順は以下のとおりである．

①　安定材の散布に先だって現状路床の不陸整正や，必要に応じて仮排水溝の設置などを行う．

②　所定量の安定材を散布機械または人力により均等に散布する．

③　散布が終わったら，適切な混合機械を用いて所定の深さまで混合する．

④　粒状の生石灰を用いる場合は，一回目の混合が終了した後，仮転圧して放置し，生石生石灰の消化を待ってから再び混合する．ただし，粉状の生石灰（0～5 mm）を使用する場合は，一回の混合でもよい．

⑤　散布および混合に際して粉塵対策を施す必要がある場合は，防塵型の安定材を用いたり，シートの設置など，飛散防止の対策を取る．

⑥　混合終了後，タイヤローラなどによる仮転圧を行う．次に，ブルドーザやモータグレーダなどにより所定の形状を整形し，タイヤローラなどで締め固める．

⑦　軟弱でローラなどの締固め機械が入れない場合は，湿地ブルドーザなどで軽く転圧を行い，数日間養生後，整形してタイヤローラなどで締め固める．

（c）　**下層路盤**

　下層路盤の築造工法には，粒状路盤工法（クラッシャラン，鉄鋼スラグ，砂など），セメント安定処理工法および石灰安定処理工法がある．

（1）　**下層路盤材料の選定上の留意点**　　下層路盤材料の選択にあたっては次の点に留意する．

①　下層路盤材料は，一般に施工現場近くで経済的に入手できるものを選択する．

②　路盤材料の修正 CBR や PI が品質規格に入らない場合は，補足材やセメン

トまたは石灰などを添加して活用する．
③　下層路盤材料の最大粒径は50mm以下とするが，やむを得ないときは一層の仕上がり厚の1/2以下で100mmまで許容する．

(2) 下層路盤の工法の特徴と施工
(i) 粒状路盤工法

下層路盤に用いる粒状路盤材は，一般に経済的に入手できる材料を選ぶことからクラッシャランが多く用いられる．クラッシャランは原石を機械的に粉砕したもので，最大粒径以外の調整をしていない砕石で，細粒分が多く含まれたものは，降雨により泥濘化する可能性もあり，注意が必要である．

①　粒状路盤の施工にあたっては，材料分離に留意して一層の仕上がり厚は20cm以下を標準とし，敷きならしは一般にモータグレーダで行う．
②　転圧は一般に10～12tのロードローラと8～20tのタイヤローラで行う（図6・9参照）．

(a) モータグレーダ　　(b) ロードローラ　　(c) タイヤローラ

図6・9　粒状路盤の施工機械

③　一層の仕上がり厚が20cmを超える場合において，所要の締固め度が保証される施工法が確認されていれば，その仕上がり厚を用いてもよい．
④　粒状路盤材料が乾燥しすぎている場合は，適宜散水し，最適含水比付近の状態で締め固める．

(3) セメント，石灰安定処理路盤の配合と施工
(i) 配 合 設 計

セメントおよび石灰による安定処理工法の配合設計は，安定材の添加量と一軸圧縮強さの関係から所定の強度に対応する添加量を求め設計添加量とする．

図6・10にアスファルト舗装の場合の事例として安定材の添加量と一軸圧縮強さの関係図を示す．

① 安定材の添加量は図6·10から求めた所定の一軸圧縮強さに対応した添加量とする．
② 路上混合方式による場合は，必要に応じて15〜20%の範囲で割り増した量を設計添加量とする．
③ 配合設計によって得られた設計添加量が少なすぎると混合の均一性が悪くなるので，中央混合方式では2%，路上混合方式では3%を下限とする．
④ セメントおよびセメント系安定材を使用した場合は，六価クロム溶出量の確認をする．

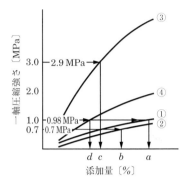

区　　分		一軸圧縮強さ〔MPa〕	添加量〔%〕
下層路盤	①セメント安定処理	0.98	a
	②石灰安定処理	0.7	b
上層路盤	③セメント安定処理	2.9	c
	④石灰安定処理	0.98	d

図 6·10 安定材の添加量と一軸圧縮強さ

(ii) **施　工**

① 施工に先立ち，在来砂利層などをモータグレーダのスカリファイアなどで所定の深さまでかき起こし，必要に応じて散水し，含水比を調整した後，整正する．
② 地域産材料や補足材を用いる場合は，整正した砂利層などの上に均一に敷き広げる．
③ 安定材の散布，骨材との混合は，構築路床の安定処理工法の②〜⑤に準じて行う．
④ 混合が終了したらモータグレーダなどで粗ならしを行い，タイヤローラで締め固める．
⑤ 次に，再びモータグレーダで所定の形状に整形し，舗装用ローラで転圧する．転圧には，2種類以上の舗装用ローラを用いて転圧すると効果的である．
⑥ 一層の仕上がり厚は，15〜30cmを標準とする．
⑦ 締固め終了後直ちに交通開放しても差し支えないが，含水比を一定に保つとともに表面を保護する目的で，アスファルト乳剤などを散布するとよい．
⑧ 路上混合方式の場合，前日の施工端部を乱してから新たに施工を行う．

(d) 上層路盤

上層路盤築造工法には，粒度調整工法，セメント安定処理工法，石灰安定処理工法，瀝青安定処理工法およびセメント・瀝青安定処理工法などがある．

(1) **上層路盤の品質規格**　　表6・1に示す．上層路盤の安定処理に用いる骨材は，経済的な安定材の添加量の範囲で所定の強度が得られるものとして，修正CBR 20% 以上（瀝青安定処理を除く），PI 9 以下（石灰安定処理は6～18）のものを目安として選定するが，表6・1の規格を満足すればよい．

(2) **上層路盤材料の選定上の留意点**

① 上層路盤材料は，ほとんどが中央混合方式などにより製造される．

表 6・1　上層路盤材料の品質規格

工　　法	規　　格
粒度調整	修正 CBR 80% 以上，PI 4 以下
粒度調整鉄鋼スラグ	単位容積質量　1.50kg/ℓ 以上 修正 CBR　80% 以上 水浸膨張比　1.5% 以下
水硬性粒度調整鉄鋼スラグ	単位容積質量　1.50kg/ℓ 以上 修正 CBR　80% 以上 一軸圧縮強さ［14 日］1.2MPa 水浸膨張比　1.5% 以下
セメント安定処理	アスファルト舗装の場合： 　一軸圧縮強さ［7 日］2.9MPa コンクリート舗装の場合： 　一軸圧縮強さ［7 日］2.0MPa
石灰安定処理	一軸圧縮強さ［10 日］0.9MPa
瀝青安定処理　加熱混合	安定度　　3.4kN 以上 フロー値　10～40（1/100cm） 空隙率　　3～12%
瀝青安定処理　常温混合	安定度　　2.45kN 以上 フロー値　10～40（1/100cm） 空隙率　　3～12%
セメント・瀝青安定処理	一軸圧縮強さ　1.5～2.9MPa 一次変位量　　5～30（1/100cm） 残留強度率　　65% 以上

（注）瀝青安定処理において，骨材の事情などからフロー値10～40（1/100cm）の確保が困難な場合，大型車交通量（舗装計画交通量）が1000（台/日・一方向）未満の場合は，フロー値の上限は50（1/100cm）としてもよい．

② 骨材の最大粒径は40mm以下で，かつ一層の仕上がり厚の1/2以下がよい．

③ 混合や締固めなどの施工性を考慮した場合，ある程度の粗骨材を含む連続粒度のものがよい．

④ 骨材の粒度分布がなめらかなほど施工性に優れ，細粒分が少ないほど所要の添加量は少なくなる場合が多い．

⑤ 上層路盤の石灰安定処理は，PIの大きな地域産材料などの活用を図る場合に用いる．

(3) **工法の特徴と施工**

(i) **粒度調整工法**　粒度調整工法は，良好な粒度に調整した骨材を用い，敷きならしや締固めが容易となるようにした工法である．骨材には粒度調整砕石，粒度調整鉄鋼スラグ，水硬性粒度調整鉄鋼スラグなどを用いる．また，砕石，鉄鋼スラグ，砂，スクリーニングスを適当に混合して用いることもある．

骨材の75μmふるい通過質量が10%以下の場合でも，水を含むと泥濘化することがあるので，75μmふるい通過質量は締固めが行える範囲でできるだけ少ないものがよい．

施工に当たっては次の点に留意する．

① 粒度調整路盤の一層の仕上がり厚は15cm以下を標準とするが，振動ローラを用いる場合は上限を20cmとしてもよい．

② 敷きならしおよび締固めについては下層路盤の粒状路盤の施工に準ずる．

(ii) **セメント，石灰安定処理**　セメント安定処理または石灰安定処理工法は，骨材にセメントまたは石灰を添加して処理する工法である．強度が増加するとともに含水比の変化による強度の低下を抑制でき耐久性の向上が図られる．

骨材は，クラッシャランまたは地域産材料に必要に応じて砕石，砂利，鉄鋼スラグ，砂などの補足材を加えて調整したものである．

① セメント安定処理に使用するセメントは普通ポルトランドセメント，高炉セメントなどを使用する．セメント量が多くなると安定処理層の収縮ひび割れにより上層のアスファルト混合物にリフレクションクラックが発生することもあるので注意する．

　　ひび割れの発生を抑制する目的でフライアッシュを併用することもある．

② 石灰安定処理には消石灰を用いる．

③ 一層の仕上がり厚は 10～20 cm を標準とするが，振動ローラを使用した場合は 30 cm 以下で所要の締固め度が得られる厚さとする．
④ 敷きならし後，速やかに締め固める．セメント安定処理の場合は硬化が始まる前までに締固めを完了する．
⑤ 石灰安定処理路盤材料の締固めは，最適含水比よりやや湿潤状態で行う．
⑥ 締固め後直ちに交通開放してもよいが，含水比を一定に保つとともに表面を保護する目的で，必要に応じてアスファルト乳剤をプライムコートとして散布する．
⑦ 横方向の施工継目は，セメントを用いた場合は施工端部を垂直に切り取り，石灰を用いた場合は前日の施工端部を乱して，それぞれ新しい材料を打ち継ぐ．

(iii) **瀝青安定処理工法**　瀝青安定処理工法は，骨材に瀝青材料を添加して処理する工法である．この工法は平たん性がよく，たわみ性や耐久性に富む特徴がある．

瀝青材料は，舗装用石油アスファルトを用いてアスファルトプラントで加熱混合方式による方法が一般的である．これを加熱アスファルト安定処理といい，アスファルト乳剤を用いる方法は常温混合という．

一般に一層の仕上がり厚を 10 cm 以下で行う．大規模工事や急速施工で一層の仕上がり厚を 10 cm 以上で仕上げる工法をシックリフト工法と呼ぶ．使用する舗装用石油アスファルトは，通常，ストレートアスファルト 60～80 または 80～100 を用いる．

骨材は，著しく吸水率の高い砕石や軟石，シルト，粘土などを含まないものを使用する．また，粒度分布がなめらかなほど施工性に優れ，粒度範囲内で細粒分が少ないほど必要なアスファルト量が少なくなる．一般工法の施工上の留意点は以下の通りである．

① 基層および表層用混合物に比べてアスファルト量が少ないので，あまり混合時間を長くすると劣化が進むので注意する．
② 混合性をよくするためにフォームドアスファルトを用いることがある．
③ 敷きならしは，一般にアスファルトフィニッシャを用いるが，まれにブルドーザやモータグレーダを用いることもある．その場合は，材料分離に留意する．

3 アスファルト舗装とコンクリート舗装

1 舗装の種類

　舗装には，大別してアスファルト舗装とセメントコンクリート舗装がある．わが国では舗装延長の90％以上がアスファルト舗装であるが，アスファルトの熱可塑性から，流動わだち掘れなどの問題も生じている．

　そのために，アスファルトの改質や，半たわみ性舗装などの耐流動対策が行われている．

　一方，セメントコンクリート舗装は耐久性に優れ，流動は発生しないものの，

表 6・2　舗装の種類[1]

表層材種類の分類	配合・工法分類	機能分類	用途・箇所分類
アスファルト舗装	改質アスファルト舗装 グースアスファルト舗装 ロールドアスファルト舗装 フォームドアスファルト舗装 再生アスファルト混合物舗装 マスチックアスファルト舗装 路上再生舗装工法 フルデプス舗装工法 サンドイッチ舗装工法	耐流動性舗装 耐摩擦性舗装 半たわみ性舗装 排水性舗装 低騒音舗装 明色舗装 着色舗装 滑り止め舗装 凍結抑制舗装 応力緩和舗装 透水性舗装 保水性舗装 遮熱性舗装 弾力性舗装	車道舗装 橋面舗装 トンネル内舗装 岩盤上の舗装 空港舗装 滑走路舗装 エプロン舗装 歩行者系道路舗装 歩道（橋）舗装 自転車道舗装 園路舗装 スポーツ施設舗装 テニスコート舗装 陸上競技場舗装 水利施設舗装 斜面舗装 ライニング舗装
	コンポジット舗装工法		
セメントコンクリート舗装	無筋コンクリート舗装 鉄網コンクリート舗装 連続鉄筋コンクリート舗装 転圧コンクリート舗装 プレキャストコンクリート舗装 プレストレストコンクリート舗装		
樹脂・その他の舗装	ニート舗装工法 樹脂系混合物舗装 ブロック系舗装 二重構造系舗装 その他の舗装		

目地が多いことから乗り心地が劣り，走行車両によるタイヤ騒音の発生などの問題がある．

しかし最近では，下層にセメント系の舗装，上層にアスファルト混合物による舗装の構成，いわゆるコンポジット舗装（composite pavement）が両者の長所を備えた舗装として見直されてきた．

その他の舗装としては，薄層の樹脂を塗布した上に硬質の細骨材を散布，定着させるニート工法，カラーや明色性を生かすための樹脂系混合物舗装，特殊な形状のコンクリートブロックを敷き並べたインターロッキングブロック（Interlocking Block：ILB）舗装など，さまざまな舗装がある．

舗装の種類を**表 6・2**に示す．

2　アスファルト舗装

（a）　機能と種類

アスファルト舗装は，一般に表層，基層に加熱アスファルト混合物を用いた舗装をいう．

アスファルト系の舗装には，在来砂利層などを利用した路盤の上に，簡易な表層を設ける簡易舗装や，瀝青路面処理などがある．

アスファルト混合物は，粒度で大きく分類して細粒度，密粒度，粗粒度の3種類が基本であり，特殊な粒度として開粒度がある．さらに細分化してギャップ粒度やF付混合物がある．代表的な表層用混合物の種類と特性および主な適用箇所を**表 6・3**に示す．

基本の3種類は，粒度の 2.36 mm 通過質量百分率で区分されており，いずれも連続粒度で，最も締め固めやすい粒度分布になっている．

一般にアスファルト混合物は，水に対する抵抗性が弱いため，できるだけよく締め固めて，水の浸入を防ぐようにしている．粒度の細かい細粒度タイプの混合物のほうが水を通しにくいことから，積雪寒冷地で多く用いられる．

一方，粒度の粗いほうが流動抵抗性は大きい傾向にあることから，一般地域や交通量の多い所では密粒度タイプの混合物が多く用いられる．なお，粗粒度混合物は一般に基層に使われる．

ギャップ粒度は，単粒度の粗骨材と細骨材の組合せでつくり，粒度を連続させない混合物で，仕上がり表面のきめ（肌理）が粗くなることから，滑り抵抗性を

表 6・3 表層用混合物の種類と特性および主な使用箇所[2]

アスファルト混合物種類	特性				主な使用箇所		
	耐流動性	耐摩擦性	滑り抵抗性	耐水性・耐ひび割れ	一般地域	積雪寒冷地域	急勾配坂路
② 密粒度アスファルト混合物（20，13）					※		※
③ 細粒度アスファルト混合物（13）	△			○	※		
④ 密粒度ギャップアスファルト混合物（13）			○		※		※
⑤ 密粒度アスファルト混合物（20 F，13 F）	△	○				※	
⑥ 細粒度ギャップアスファルト混合物（13 F）	△	○		○		※	
⑦ 細粒度アスファルト混合物（13 F）	△					※	
⑧ 密粒度ギャップアスファルト混合物（13 F）	△	○	○			※	※

(注) 1. 特性欄の○印は，②密粒度アスファルト混合物を標準とした場合これより優れていることを，無印は同等であることを，△印は劣ることを示す．
2. △印の場合，その特性を改善するために改質アスファルトを使用することもある．
3. 主な使用箇所欄の※印は，使用の多い地域，場所を示す．
4. ⑥細粒度ギャップアスファルト混合物（13 F）は摩耗層として，また⑦細粒度アスファルト混合物（13 F）は摩耗層や歩行者系道路舗装の表層として用いられることもある．

向上させた混合物となる．

　開粒度タイプの混合物は，舗装体内に水を通すことから，耐久性に劣る傾向があったが，舗装表面に滞水しないため，滑り事故などの対策として採用される．最近では舗装表面の空隙が，走行車両のタイヤ騒音を吸収，乱反射させることによって騒音対策にもなることから，水に強く，砕石との把握力を改善したアスファルトが開発され，排水性舗装あるいは低騒音舗装の名称で重交通道路にも使われるようになった．

　それぞれの混合物の代表的な粒度曲線を図 6・11 に示す．

　上記の舗装以外にも，開粒度タイプの混合物を施工後，その空隙にセメントミルクを注入し，剛性を高めた半たわみ性舗装がある．耐流動効果や明色効果があることから，バス停留所や有料道路料金所付近などで用いられている．

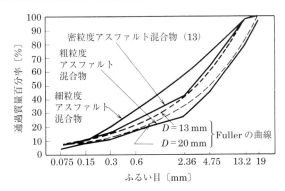

図 6·11　各種アスファルト混合物の粒度と Fuller の曲線

また，道路橋の鋼床版舗装では，たわみ追従性に優れたグースアスファルト (mastic asphalt) 舗装が一般に用いられている．そのほか，ホットロールドアスファルト (hot rolled asphalt) 舗装[*1]，明色舗装，着色舗装，フォームドアスファルト (foamed asphalt) 舗装[*2]，フルデプスアスファルト (full depth asphalt) 舗装[*3]，サンドイッチ工法 (sandwich construction)[*4]，コンポジット舗装など，特殊な機能や構造をもつ舗装がある．

(b) 混 合 物

アスファルト混合物の配合は，材料の選定，粒度配合および最適アスファルト量の決定の手順で行う．耐流動性などの特別な対策が必要な場合は，それに見合った特性試験を追加して，物性の目標や基準を満足するものを設計する．一般的な配合設計の手順を図 6·12 に示す．

[*1] 細砂，フィラー，アスファルトからなるアスファルトモルタル (asphalt mortar) 中に，比較的単粒度の粗骨材を一定量配合した，不連続粒度の混合物．流動抵抗性や滑り抵抗性をもたせるために，表面に粗骨材を散布し，圧入する．滑り抵抗性，耐ひび割れ性，水密性および耐摩耗性に優れている．

[*2] 加熱アスファルト混合物を製造する際，加熱したアスファルトを泡状にしてミキサー中に噴射し，混合した混合物を使用して施工する舗装工法．
　加熱アスファルトを泡状にするには，一般に水蒸気や水をアスファルトに吹き込む方法が用いられる．アスファルトを泡状にすることで，容積が増加し，粘度が低下することから，混合作業がしやすくなり，フィラーの多い混合物を安定した性状で製造することができるなど，多様な混合物の製造が可能となる．

[*3] 路床上のすべての層にアスファルト混合物を用いた舗装．舗装厚さがそのまま構造設計の舗装厚 (T_A) となることから，舗装総厚を薄くでき，また，施工上も工期の短縮が可能となる．一方，施工後の舗装体の温度が低下しにくく，一般の舗装より舗設後から交通開放までの養生時間が長くなる．

[*4] 軟弱な路床上に砂層をつくり，その上に貧配合のコンクリートまたはセメント安定処理の層を築造して舗装の施工基盤とし，その上に舗装する工法．

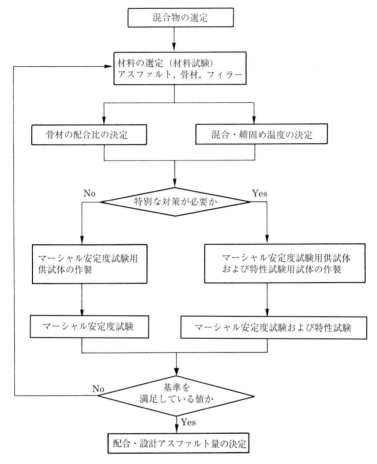

(注) 図中「特性試験」とは，特別な対策を検討するのに必要な試験をいい，たとえば
ラベリング試験やホイールトラッキング試験などが該当する.

図 6・12　配合設計の手順[2]

(1) **材料の選定**

(ⅰ) **舗装用骨材**　　道路用骨材に用いる原石は，玄武岩，安山岩，石英粗面岩，硬質砂岩，硬質石灰岩またはこれに準ずる材質を有する岩石である．

石英は，573℃で結晶構造が変化して容積変化を起こすので，加熱アスファルト混合物に石英を多く含む骨材（たとえば花こう岩）を使用する場合は，ドライヤー内で直火にさらされないよう砂分を多くするなど，加熱時に留意が必要であ

る．

① **粗骨材**（coarse aggregate）　舗装用骨材のうち，粗骨材としては一般に砕石，砂利，玉石または砂利を砕いた玉砕などが用いられている．玉砕にはいわゆる死石と呼ばれる風化した岩石を含む場合があり，舗装の耐久性に影響を及ぼすことがあるので，採用には十分な調査を行う必要がある．

② **細骨材**（fine aggregate）　細骨材（アスファルト混合物用は 2.36 mm 以下）には，川砂，山砂，海砂などのほか，スクリーニングス，砕石ダストなどが用いられる．粒度調整およびアスファルト混合物の安定性改良のためにスクリーニングスを用いることが多いが，ダスト分が多いと，かえって安定性を阻害することもあるので，採用にあたっては粒度を確認しなければならない．

③ **フィラー**（filler）　フィラーはアスファルト混合物用の空隙充填材として用いられるが，アスファルトと一体となって混合物の安定性の増加や感温性を改善する性質がある．アスファルトとフィラーが一体となったバインダーを，フィラービチューメン（filler bitumen）と呼ぶ．

一般に石灰岩あるいは火成岩を粉末にした石粉を用いるが，はく離防止効果を期待してセメントや消石灰を一部使用することもある．

なお，フィラーの混合量は多すぎると脆くなり，ひび割れ発生の原因となることがあるので注意しなければならない．

（ⅱ）**瀝青材料**（bitumen）　瀝青（ビチューメン）の語源は，サンスクリット語でピッチ（コールタール，石油などを蒸留したあとに残る黒色の物質）のことである．一方，アスファルトの語源は，ギリシャ語で「硬くして確実に固定する」という意味である．

瀝青材料には石油アスファルト，改質アスファルト，天然アスファルトおよび石油アスファルト乳剤などがある．

① **石油アスファルト**（petroleum asphalt）　舗装用石油アスファルトは原油を常圧蒸留装置および減圧蒸留装置によって軽質油分や潤滑油分を分離して得られるもので，これをストレートアスファルト（straight asphalt）という．

② **天然アスファルト**（natural asphalt）　わが国で天然アスファルトといえば，トリニダッドレイクアスファルト（Trinidad Lake Asphalt：TLA）のことを指すほど TLA が一般的である．

TLA は，鋼床版舗装の下層に用いられるグースアスファルト混合物のバイン

ダーの改質材（ストレートアスファルト：TLA＝75：25が一般的）として，多く用いられている．また，わが国では例が少ないが，TLAはアスファルトの改質効果から，ヨーロッパではホットロールドアスファルトやストーンマスティックアスファルト（stone mastic asphalt：SMA)＊のほかに排水性アスファルト混合物（asphalt mixture for drainage pavement）などにも用いられている．

天然アスファルトにはTLAのほかに，ロックアスファルト（rock asphalt：砂岩や石灰岩の中に浸透して産するアスファルト．これを砕き，そのままあるいは多少のアスファルト量の調整で舗装に使用する）やオイルサンド（oil sand：砂の中にアスファルトが浸透したもの）などがあり，一部で使用されている．

③ **アスファルトの性質**　アスファルトの性質には，比重，比熱，付着性などといった一般的な物理的性質と変形や流動に関するレオロジー（rheology．たとえば粘性や粘弾性，感温性など）的性質がある．以下にその代表的な性質について示す．

・**付着性**（adhesion）　舗装用アスファルトに求められる重要な性質として，骨材（砕石など）との付着性がある．

アスファルトと石の付着エネルギーは $33\,\mathrm{erg/cm^2}$ であり，水がアスファルトを置換しようとするはく離のエネルギーは $47\,\mathrm{erg/cm^2}$ との研究もある．このことからも水によってアスファルト混合物がはく離しやすいことがわかるが，アスファルトと骨材の付着性は骨材表面の粗さによっても大きく左右される．したがって，舗装の耐久性の検討は，骨材の選定から慎重に行うことが重要である．

・**針入度指数**（Penetration Index：PI）

一般にアスファルトの物性を表現する指標として針入度（penetration）と軟化点（softening point）がある．

針入度はある温度におけるアスファルトの硬さを示しており，軟化点はアスファルトが液状化する限界の温度である．どちらもアスファルトのコンシステンシー（consistency)を表しているが，これを組み合わせて感温性を示すものとして針入度指数がある．この針入度指数は，温度と針入度の勾配（**図 6・13** 参照）を a とし，次式で表される．

＊　比較的単粒度の粗骨材に，細骨材，フィラーを多く配合した混合物で，耐流動性，水密性に富んだ混合物．

$$PI = \frac{30}{50a+1}$$

PIが大きくなると感温性は低下してゲル型に近づき，舗装混合物としてみれば高温で流動しにくく，低温でクラックやはく離が起きにくい安定性の高いアスファルトといえる．ストレートアスファルトのPIは$-2 \sim +2$の範囲にあり，$+2$以上をブローン (blown) 型，-2以下をピッチ (pitch) 型と称している．

・**粘弾性** (viscoelasticity)　アスファルト混合物は粘性的な性質と弾性的な性質を有する粘弾性体として扱われる．荷重が小さくても長時間荷重をかけていれば変形（ひずみ）は大きくなり，逆に荷重が大きくても短時間の載荷では変形が小さい．

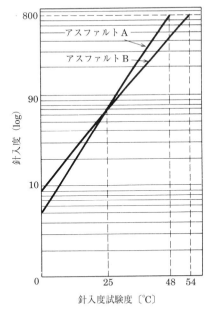

アスファルトA針入度74 (25℃)
　PI = -0.8　軟化点 = 48℃
アスファルトB針入度72 (25℃)
　PI = $+0.7$　軟化点 = 54℃

図 6・13　試験温度と針入度

このような性質から，混合物の設計に際しては，路線の性格や気象条件などを考え，使用するアスファルトの性状（60℃粘度など）を検討することが必要となる．

（2）**配合設計**　アスファルト混合物の配合設計には，骨材の配合粒度の決定と，最適アスファルト量 (Optimum Asphalt Content : OAC) の決定の二つの段階がある．

①　**骨材配合比の決定**　アスファルト混合物に用いる骨材は，単粒度のものを組み合わせて用いる．一般には5号砕石（粒径範囲20〜13mm），6号砕石（13〜5mm），7号砕石（5〜2.5mm），砂（2.36mm以下），フィラー（石灰岩石粉など）を組み合わせるが，用いる混合物の種類によって粒度範囲が決められており，一般にはその粒度範囲の中央値を滑らかに結ぶ曲線になるように各骨材の配合比率を決定する．

②　**最適アスファルト量の決定**　設定された骨材粒度に対する最適なアスフ

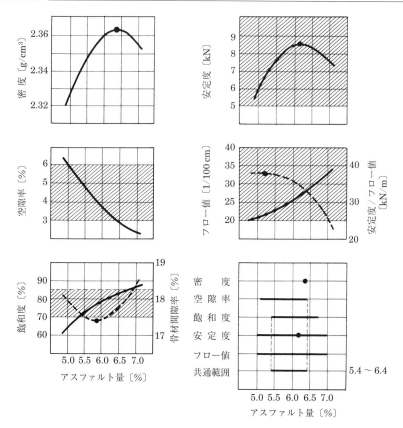

図 6・14　設計アスファルト量の設定[2]

ァルト量は，一般にはマーシャル試験（Marshall stability test）によって決定する．マーシャル試験では，図 6・14 に示すように密度，安定度，空隙率，フロー値および飽和度を測定し，密度を除くそれぞれの基準値を満足するアスファルト量の範囲を設定し，その中央値を最適アスファルト量とすることが多い．

　なお，耐流動などの特別な対策が必要な箇所に用いるアスファルト混合物では，ホイールトラッキング試験（wheel tracking test）による検討を追加して，最適アスファルト量の調整を行う．

（c）施　工

　アスファルト舗装の施工は，アスファルト混合物の製造，運搬，現場での敷ならし，締固めの工程を経て完成する．主な工程を以下に解説する．

（1） **混合物の製造**　アスファルト混合物は，バッチ式プラント（asphalt batching plant）あるいは連続式プラント（continuous plant）で製造するが，いずれの方式も次に示すように製造のフローは同じである．

バッチ式プラントでの混合物の製造では，骨材の供給はできるだけ配合設計で設定した粒度に近い配合となるように，コールドビン（cold bin）で事前に調整しておくことが，製造能力を高めるためにも，品質の安定のためにも必要である．

さらに骨材の含水比が多くなると，ドライヤーの乾燥・加熱能力が大きく低下することから，ドライヤーに投入する前段階で骨材をできるだけ乾いた状態に保つことが製造能力をフルに引き出せることにつながる．一般に冷骨材（加熱前の骨材）の含水比が2%増加すると，ドライヤーの加熱能力は20～25%低下する．

アスファルト混合物の施工性を左右する最も大きな要因は，混合物の温度である．さらに，骨材に水分が残留していると，アスファルト混合物の耐久性に影響を及ぼすことから，骨材の乾燥・加熱は確実に行われなければならない．

ドライヤーで乾燥された骨材は，ミキサーに運ばれ，石粉やアスファルトと混合される．ミキサーでは加熱骨材と常温の石粉を混合する空練り（ドライ混合）の段階と，その後アスファルトを噴射して混合するウエット混合の2段階で混合する．

最終的な混合物の温度は185℃を超えない範囲で，気温や運搬時間を考慮し，現場での作業性が確保できる温度で出荷する．

（2）　**タックコート**（tack coat）　既設舗装とその上に舗設するアスファルト混合物の接着性を向上させるために，タックコートを施工する．

タックコートには一般にアスファルト乳剤（PK-4）（asphalt emulsion）を用いるが，排水性舗装など特に接着性が求められる場合には，ゴム入りアスファルト乳剤などを用いる．

タックコートの接着性は，散布量や養生時間によって異なってくる．**図6・15**はタックコートの散布量と付着力の関係，**図6・16**は養生時間と付着力の関係を示したものである．図からわかるように，散布量は許容範囲の中でできるだけ少ないほうが効果が大きく，また養生時間は気温にもよるが，自然養生の場合は2時間

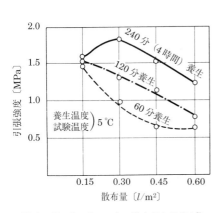
図 6・15 タックコートの散布量と付着力[3]

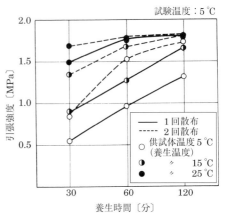
図 6・16 養生時間と散布量の関係[3]
（1 回散布と 2 回散布の比較）

程度が必要である．

（3）**敷ならし**　アスファルト混合物の敷ならしは，舗装の均一な品質を確保するためにも，アスファルトフィニッシャー（asphalt finisher）による機械施工を原則とする．舗装の厚さを一定にし，かつ平坦性を保つために，フィニッシャーは定速で走行することを原則とするが，材料配合の均一性や温度管理も重要な要素となる．

（4）**締固め**　アスファルト舗装の品質は，施工面から見ると，締固め度によって大きく左右される．特に，曲げ強度，流動抵抗性，摩耗抵抗性，はく離などの耐久性は締固め度が向上すれば大きくなる．

アスファルト混合物の締固め作業は，一般に横継目部，縦継目部の転圧を終わった後，初転圧，二次転圧および仕上げ転圧の順で行う．

初転圧には鉄輪ローラーを，二次転圧にはタイヤローラーをそれぞれ用いて締

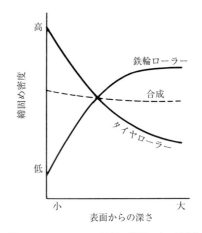
図 6・17 ローラーの種類と締固め度の傾向[4]

固めを行う．

　鉄輪ローラーは，舗装厚さの比較的深い部分（下のほう）の締固めに効果があり，タイヤローラーと組み合わせることにより，層の全厚が均等に締め固められる．その関係を図 6・17 に示す．

　タイヤローラーによる締固めでは，鉄輪ローラーによるより均一な締固め度が得られ，こね返し作用（kneading compaction）により表面が緻密になる．さらに骨材の配列を安定したものとすることができ，耐久性の向上にも寄与する．

　アスファルト混合物のプラント出荷から締固めまでの流れを図 6・18 に示す．

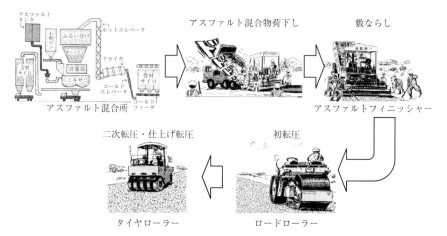

図 6・18　アスファルト舗装施工の流れ

3　セメントコンクリート舗装

（a）機能と種類

　セメントコンクリート舗装は，セメントコンクリート版を表層とする舗装をいい，一般には単にコンクリート舗装と称している．

　コンクリート舗装は，アスファルト舗装に比べて表面の色が白く，その明色効果からトンネル内舗装として用いられたり，また流動わだち掘れや摩耗に対して耐久性に優れていることから，重交通道路で採用される場合が多い．

　コンクリート舗装の種類としては，普通コンクリート舗装，転圧コンクリート舗装，連続鉄筋コンクリート舗装，プレストレストコンクリート舗装，鉄筋コン

クリート舗装などがある．それぞれの特徴を以下に示す．

（1）　**普通コンクリート舗装**（cement concrete pavement）　最も多く採用されているコンクリート舗装で，無筋コンクリートであるが，ひび割れが発生した場合の急速な拡大を防ぐために，通常 $1m^2$ 当り $3kg$ の鉄網を用いている．

また，8～10 m ごとに収縮目地を設けて，コンクリート版の温度による収縮ひび割れを防止することから，目地部が車両の走行快適性を損なったり，騒音の発生源となるなどの弱点がある．

（2）　**転圧コンクリート舗装**（roller compacted concrete pavement）　材料に固練りのセメントコンクリートを使用して，舗設はアスファルト舗装と同様のフィニッシャーおよびローラー類を用いて行うセメントコンクリート舗装で，施工の形態から見るとアスファルト舗装とほぼ同様である．

したがって，型枠を必要とせず，版厚（舗装厚）を自由に設定できることや，施工速度が速いうえに，初期の耐荷力が大きく，短時間の養生で交通開放ができるといった特長がある．

用途によって有望な舗装工法であるが，材料が非常に固練りのセメントコンクリートを用いることから，高度な施工管理技術が要求される．

（3）　**鉄筋コンクリート舗装**（reinforced concrete pavement）　コンクリート版の上下部に鉄筋を配して補強したコンクリート舗装で，ひび割れの発生を抑えられる効果がある．連続鉄筋コンクリート舗装と異なり，目地を必要とするので，走行快適性の改善は見られないが，鉄筋で補強されていることから衝撃がかかる箇所や，路床以下の部分で沈下の発生が予想される箇所などで採用される．

（4）　**連続鉄筋コンクリート舗装**（continuously reinforced concrete pavement）　コンクリート版の縦断方向に鉄筋を連続して配筋した舗装で，横目地を省略するところに特徴がある．連続鉄筋の効果で，微細なひび割れが舗装版全体に分散発生するが，強度上の問題はない．横目地が省略されるので，車両の走行快適性が向上し，沿道への騒音被害の影響が少なく，維持費用も軽減される．

表層にアスファルト混合物層，下層にコンクリート版を配したコンポジット舗装では，目地部からアスファルト混合物層に対してリフレクションクラック（reflective cracking）が発生することを避けるために，連続鉄筋コンクリート舗装を用いることが多い．

（5）　**プレストレストコンクリート舗装**（prestressed concrete pavement）

コンクリート舗装版にプレストレスを与えてコンクリート版の引張応力を軽減するようにした舗装版で，コンクリート版の厚さを薄くしたり，プレキャスト化できるなどの特徴がある．

プレキャスト化によって迅速な施工が可能となることから，トンネル内での打換え工事など，施工時間にゆとりのない箇所での舗装に用いられることが多い．

（b） 舗装用コンクリートの配合

舗装用コンクリートに要求される性状は，施工時のワーカビリチーのほかに，硬化後の曲げ強度，すりへり抵抗性および気象に対する耐久性などがある．

これらの性状を満足させるために，コンクリートの配合設計を行うが，コンクリートの品質に大きく影響する要因として，単位水量と単位セメント量および単位粗骨材容積がある．

（1） **配合強度**　舗装用コンクリート版の設計基準曲げ強度は一般に 4.4 MPa であるが，実際に製造する場合の配合強度は，ばらつきを考慮して設計基準曲げ強度に割増係数を掛けた値とする．一般的には割増係数は 1.15 程度である．

（2） **ワーカビリチー**（workability）　作業性や，仕上げの平坦性が確保できる範囲で，できるだけコンシステンシーの小さいもの（スランプの小さいもの）とする．一般にスランプで 2.5 cm または沈下度で 30 秒を標準とする．

なお，簡易な舗装機械および人力で舗設する場合や鉄筋コンクリートなどのように配筋量が多い版を舗設する場合，またはやむをえずアジテータートラックを用いる場合などは，スランプ 6.5 cm を標準とする．

（3） **単位粗骨材容積**　所要のワーカビリチー，フィニッシャビリチーが得られる範囲内で，単位水量が最小となるように定める．

（4） **単位水量**　粗骨材の最大寸法，骨材の粒度・形状，単位粗骨材容積，コンシステンシー，混和剤の種類およびコンクリートの温度などによって異なることから，使用する材料を用いた試験を行って決める．

（5） **単位セメント量**　標準は 280～350 kg で，所要の品質を確保できるよう強度試験あるいは水セメント比から求める．なお，耐久性をもとにして水セメント比から求める場合は，特に厳しい気候で凍結が続くか，乾湿または凍結融解が繰り返される場合は 45% 以下，凍結融解がときどき起こる場合は 50% 以下とする．

（6） **空気量**　空気量は 4% を標準とする．

（c）**配合設計**

配合を定めるための一般的な手順は次のとおりである．

(1)　配合条件，材料の品質特性の把握
(2)　参考表，経験に基づく仮配合の設定
(3)　試験練りによる配合の修正
(4)　運搬条件による配合の修正
(5)　示方配合の決定
(6)　現場骨材の状況により現場配合に修正

（d）**現場施工**

一般的なコンクリート版の舗設順序を図 6・19 に示す．コンクリート版の施工の主な手順および留意事項は以下のとおりである．

(1)　コンクリートの練混ぜは，固練りであることから，性能のよい強制練りミキサーか可傾式ミキサーを用いる．
(2)　運搬は，スランプ 2.5 cm（標準）～5 cm 未満の場合はダンプトラックを，人力施工などの場合でスランプを 5～8 cm とする場合はアジテータートラックを用いる．
(3)　型枠は一般には鋼製型枠を用いる．
(4)　運搬したコンクリートの現場への荷下ろしには，直接路盤の上に下ろす場合とボックス型スプレッダーに下ろす場合があるが，いずれの場合も材料が分離しないように留意する．
(5)　コンクリート舗装では，一般にコンクリート版の上部 1/3 の位置の深さに鉄網を設置するが，コンクリートは鉄網を境にして下層および上層に分けて敷きならすことを原則とする．なお，全層を敷きならした後，特殊な機械で鉄網を押し込む施工方法もある．
(6)　締固めは下層および上層の全層を一度に締め固めることを原則とする．
(7)　敷ならし後の表面仕上げは，荒仕上げ，平たん仕上げの 2 段階で行う．
(8)　平たん仕上げが終了した後，表面の水光りが消えたら，粗面仕上げ機による仕上げを行う．
(9)　舗設されたコンクリート版の強度，耐久性およびすりへりに対する抵抗性をもたせる養生を行う．

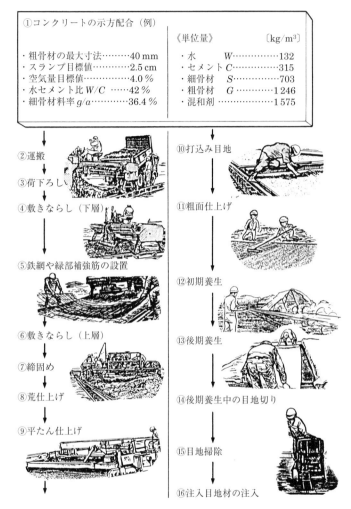

図 6・19　一般的なコンクリート版の舗設順序[5]

◆　参　考　文　献　◆

1) 舗装に関する研究小委員会：舗装工学，土木学会（1995.6）
2) 舗装施工便覧（平成18年），日本道路協会
3) 荒木，ほか：タックコートの養生および散布方法に関する二，三の検討，道路建設（1981.6）

4) 稲垣：講座・舗装工学，概説⑤，舗装（1996.10）
5) 稲垣，ほか：まんがで学ぶ舗装工学，基礎編，建設図書（1996.8）

1. 舗装の機能と種類について記せ．
2. アスファルト舗装に用いる主な材料をあげ，その特徴を説明せよ．
3. アスファルトの性質である粘弾性について説明せよ．
4. セメントコンクリート舗装の種類とその概要を述べよ．

排水施設

第7章

　　　排水性舗装　　　　　　　　　通常の舗装

　一般に屋外に築造される土木構造物にあっては，降雨その他の水の処理は，今も昔も土木技術における重要な課題の一つである．
　このことは道路においても例外ではなく，前述の古代クレタ島の道路にさえ立派な排水溝が設けられている．さらに，トレサゲ以降の近代舗装の歴史においても，道路を軟弱化させないための排水の工夫がこらされている．
　このように，道路と排水施設は常に一体として考えられてきた．本章では，道路と排水施設の関係について述べる．

第7章 排水施設

1 道路と排水

排水施設は，道路の機能を維持し，保全するために必要であり，わが国のように多雨多湿の国では特に重要である．

道路の排水は，次の三つに分類することができる．
(1) 路面排水：主として路面に降った雨水などの排水
(2) 地下排水：路盤・路床などに浸透した水および地下水の排水
(3) 道路用地外の排水：道路に隣接した地域に降った雨水で，道路の保全，交通の安全に影響のあるものの排水

これらの道路排水の種類を**図7・1**に示す．

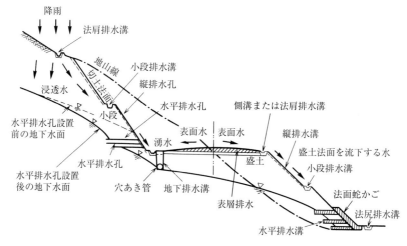

図7・1 排水の種類

2 排水施設の計画

排水施設の計画には，降雨強度・流達時間および流出係数が必要となる．

降雨強度は時間雨量によって示され，集中豪雨を除き，平地部で30～45 mm/h，山間部で35～50 mm/h，特に多雨な地域では60 mm/hとすることが多い．

流達時間とは，排水しようとする区域の最遠点に降った雨水が，流出量を求めようとする地点に達するまでの時間をいう．

　排水のための設計降雨強度は，降雨強度に流達時間による補正を行う必要がある．また，降雨のすべてが排水施設に集まるわけではなく，降雨地域によっては，浸透などによる多少の損失がある．このような排水すべき雨水量と降雨量との比を流出係数と呼び，地表面の性質あるいは地域の種類により**表7・1**の値を用いる．

　したがって，集水面積に流出係数を乗じ，それに前述の設計雨量強度を乗じたものが，排水のための設計流量となる．

表 7・1　流出係数 f の値

地表面の種類		f	地域の種類	f
路面	舗装	0.70～0.95	芝，樹林の多い公園	0.10～0.25
	砂利道	0.30～0.70	勾配の緩い山地	0.3
路肩法面など	細粒土	0.40～0.65	勾配の急な山地	0.5
	粗粒土	0.10～0.30	田	0.70～0.80
	硬岩	0.70～0.85	畑	0.10～0.30
	軟岩	0.50～0.75		
砂土壌の芝生	勾配 0～2%	0.05～0.10		
	〃 2～7%	0.10～0.15		
	〃 7% 以上	0.15～0.20		
粘性土壌の芝生	勾配 0～2%	0.13～0.17		
	〃 2～7%	0.18～0.22		
	〃 7% 以上	0.25～0.35		
屋根		0.75～0.95		

　最近，特に都市部において1時間に100mmを超える局地的な集中豪雨が降り，浸水などによる死亡事故など，新たな形の水害が発生している．

　こういった状況に対して，ハード・ソフト両面からの新たな対策の実施が必要となってきている．

　ソフトによる対策としては，① 洪水情報の提供，② 浸水予想地区の地図作成と公表，③ 洪水ハザードマップの作成および公表，④ 避難・防災体制の整備・確率，⑤ 工法・啓発などが提案されているが，具体的にはこういった情報などを誰にでも分かりやすく，かつ何時でも，どこでも，例えばインターネットを通じて簡単に入手できるような体制を作ることが重要である．

　ハード面では，① 河川の整備，② 下水道の整備，③ 流域対策の推進，④ 河

川・下水道の連携と整備水準のステップアップなどがある．いずれにしてもハード面の対策には膨大な費用が掛かることから，進捗が遅い傾向にあり，避難準備などを含め，図6・2に示したようなソフトのシミュレーションによる広報などが効果的である．

近年，都市化に伴う土地の被覆により地中に浸透する雨水が減少し，雨水流出量の増大，湧水の枯渇や河川の平常流量の減少などが顕在化している．これらに対して，各地で総合的な治水対策や水循環系再生構想等の計画づくりが実施され，この中で雨水浸透施設の設置は不可欠な施策として位置づけられている．しかし，その整備がどれだけ流出抑制，湧水の復活，河川低水流量の保全，地下水の涵養等に寄与するのかなどについて定量的な効果が明らかにされていない場合も多く，効率的な雨水浸透施設の整備推進が難しい状況にある（雨水浸透施設の効果については**図7・2参照**）．

これらの内，道路に関わりのある浸透施設としては浸透トレンチ，道路浸透ます，浸透側溝，透水性舗装などがある．

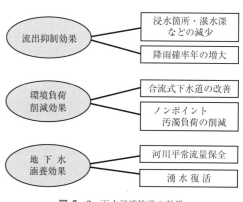

図 7・2　雨水浸透施設の効果

3　路　面　排　水

路面排水は，路面に降った雨水が前述の計算により求められ，これらがまず側溝に集まると考える．側溝の流量は次式で表される．

$$Q = Av$$

ここで，Q：側溝の流量〔m³/s〕，A：流水断面積〔m²〕
　　　　v：流速〔m/s〕で，次のマニングの公式で求められる．

$$v = \frac{1}{n} R^{2/3} I^{1/2}$$

ここで，n：マニング・クッターの粗度係数
　　　　　（**表7·2**参照）
　　　　R：径深（$=A/P$）〔m〕
　　　　P：潤辺長〔m〕，I：勾配

表7·2 nの値

側溝の種類	n
素掘側溝	0.016~0.022
石張り側溝	0.025~0.035
コンクリート側溝	0.013~0.018

しかし，この流速があまり速いと，洗掘などのおそれがあるので，**表7·3**に示す設計の基準として用いるべき平均流速を参照して決める．

表7·3 平均流速の標準値

側溝の構造または土質	平均流速〔m/s〕
微細な砂質土またはシルト	0.1~0.2
砂または砂質土で相当量の粘土を含む	0.2~0.3
粗砂または砂利質土	0.3~0.6
極めて堅硬な砂利または粘土	0.6~1.0
転石または岩石	0.6~1.8
コンクリート	0.6~3.0

側溝の構造としては，一般にコンクリート製のU型およびL型が用いられている．

側溝で集められた雨水は，ますに集まり，排水管から排水本管に導かれる．最近では，道路などに用いる雨水ます，側溝などに浸透性のものを利用して，雨水を地下へ還元する方法をとり，流末処理に配慮したものもある．

路面排水で特に留意しなくてはならないのは，路面の形状と雨水ますの位置との関係であって，路面の横断勾配と縦断勾配の組合せの結果によって生じた合成勾配の方向を，十分に考慮する必要がある．

4　地　下　排　水

地下排水は，路面から浸透してくる水を集めて排水し，また隣接地から浸透してくる水を遮断し，かつ水位を下げる効果がある．

図7·3に遮断排水溝の例を示す．

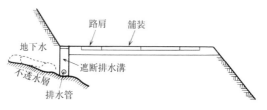

図 7・3　遮断排水

5　道路用地外の排水

　隣接地からの浸透水を遮断する前記の遮断排水もこの中に含まれるが，このほかに道路が沢などを横断する際のカルバートなどがある．
　カルバートには，パイプカルバート，ボックスカルバートおよびアーチカルバートなどの種類があるが，いずれにせよ，その通水断面は定められた流量を安全に流すことができるものとする．
　カルバートの位置の選定には，① 基礎地盤のよい所，② 工事の施工に便利な所，③ 水流に急変を与えない所などを考える．また，できるだけ道路を直角に横断するほうが経済的に有利であり，洪水時には，流木・土砂などにより閉塞される場合が多いので，取入れ口の形状・断面には十分注意しなければならない．

6　舗装における排水

　特定の箇所や特殊な機能をもたせた舗装の排水は，特別な工夫が必要となる．
　（1）**排水性舗装**　排水性舗装は，舗装体の中に雨水などの水を通すことから，排水の良否が耐久性に大きな影響を及ぼす．排水性舗装の施工箇所によりさまざまな排水処理が行われ，たとえばU字溝との接続部分では図7・4に示すような排水処理対策がとられる．
　（2）**透水性舗装**　雨水を直接透水性の舗装体に浸透させ，路床の浸透能力により，雨水を地中へ浸透させる舗装をいう．主に歩道，遊歩道，駐車場に設置する．

7・6 舗装における排水

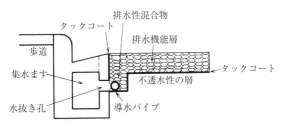

図 7・4 排水性舗装の排水処理例[1]

舗装体の貯留による浸透施設として流出抑制機能を期待する場合もある(図7・5参照).雨水浸透施設の効果

（3） **橋面舗装**　橋面舗装では,床版が遮水構造となっているため,十分な排水対策を講じないと,舗装の耐久性に大きく影響を及ぼす.

床版の種類によって排水設備が異なるが,鋼床版上での排水設備例を図7・6に,コンクリート床版上での例を図7・7に示す.

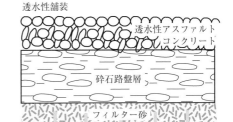

図 7・5 透水性舗装

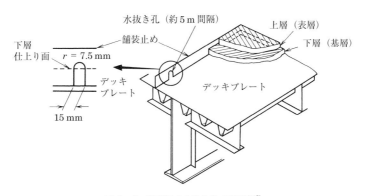

図 7・6 鋼床版の水抜き孔の設置例[2]

第 7 章 排　水　施　設

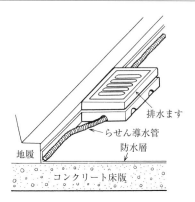

図 7・7　らせん導水管の設置例[2]

◆　参　考　文　献　◆

1)　排水性舗装技術指針（案），日本道路協会（1996.11）
2)　多田：橋面舗装の設計と施工，鹿島出版会（1997.7）

1　排水施設としてカルバートを設置する場合の位置選定時に考慮すべき事項を述べよ．

2　道路の排水の分類と，それぞれの目的を述べよ．

道路の付属施設

第8章

道路標識の例（ミュンヘン市内）

　道路の付属施設には交通安全施設，交通管理施設のほか，待避所，駐車場，共同溝などがある．
　これらの諸施設は道路に付随して道路の安全性や機能，サービスのレベルを高め，道路交通の円滑化に寄与する施設であり，近年は自動車交通の増加とその高速化に伴って，これらの重要性がいっそう高まっている．

第8章 道路の付属施設

1 安全・管理施設

1 交通安全施設

道路の交通事故の防止を図り，併せて交通の円滑化に役立つよう，歩行者立体横断施設，防護柵，道路照明，視線誘導標，その他の交通安全施設が設けられる．

（a）　**歩行者立体横断施設**

第1種および第2種の道路は自動車専用道路であるから，歩行者または自転車を横断させる必要のある場合には，立体横断施設を設置しなければならない．

第3種および第4種の道路では，交通環境を考慮し，経済効果についても検討したうえで，立体横断施設の必要性を判断する．立体横断施設の形式，位置の選定，設置に伴う交通運用などは「立体横断施設設置基準」による．

（b）　**防護柵**

防護柵は，① 車両の逸脱防止，② 歩行者などの保護，③ 歩行者の横断抑制などの目的のために設置される．

このうち ① については，路肩や路外への逸脱のほかに，中央分離帯を乗り越えること，あるいは橋脚などの構造物に衝突することなどを考慮すると，強固な防護柵であればよいと思われるが，これでは逸脱はしないが車の破損が著しく，ドライバーが大きなダメージを受けるばかりか，車が跳ね返されて他の車両と衝突するなどが考えられる．このような事態を避けるためには，防護柵はある程度衝撃を吸収し，車の進行方向をガードレールに沿わせるようにするものが理想的である．

防護柵の種類には，ガードレール，ガードケーブル，オートガードおよびパイプ形式などがある．

歩行者の横断抑制のための防護柵は，パイプ，網，チェーンなどの形式が多く用いられる．

（c）　**道路照明**

自動車のヘッドライトが照らす距離は限られており，また障害物の反射率が低いと見えにくい．道路照明は路面を明るくし，相対的に暗い障害物を浮き出させて，視認性を向上させる．

道路照明には，連続照明と局部照明の2種がある．連続照明は，道路のある一定の区間，連続的に照明するもので，街路，都市高速道路やトンネルなどで行われている．一方，局部照明は，必要な箇所を局部的に照明するもので，インターチェンジ，ジャンクション，平面交差点，横断歩道などで行われている．

連続照明は，① 所要の路面照度が得られること，② 路面の照度にむらがなく，できるだけ一様であること，③ 灯器からの光がドライバーにまぶしさを感じさせないことなどに留意しなければならない．

（d） 視線誘導標

視線誘導標（delineator）は，自動車のヘッドライトを反射し，車道の外側縁を明示するためのものである．これを路肩の外に一定間隔に設置すると，照明のない道路でも，ヘッドライトを反射した光の点が連なって道路の線形を示し，視線誘導の効果が著しい．

（e） 道路情報表示装置

道路利用者のサービス向上のため，道路および交通の情報を知らせるための表示装置の設置が増えつつある．オーバーヘッド形式あるいは路側式で，内部に照明を設けたり，文字の表示などで，より詳細な情報を利用者に与えることを目的としている．たとえば，濃霧，大雨，なだれ，交通渋滞（目的地までの必要時間），路面凍結，チェーン必要，対向車接近などの各種情報を示すものである．

2　交通管理施設

道路交通の円滑化を図り，併せて交通の安全と事故防止のため，その状況に応じて交通を管理する必要がある．このための交通信号機・道路標識・道路標示などを交通管理施設という．

（a） 交通信号機

交通信号は，道路の構造，交通の状況に密接な関係があり，その運用は効果的に実施しなければならない．たとえば交差点に右折車線を設けると，この車線は，信号1サイクルの時間が長ければ，長い右折車線が必要，あるいは2車線としなければならなくなる．また右折車が多い場合は，右折専用の信号現示が必要となる．

したがって，交通信号機では制御できる限度があり，平面交差する交通量が多くなるにしたがい，交通信号機の形式は順次高度なものとなり，ついには立体交差とせざるをえなくなる．

(b) 道路標識

道路標識には，案内・警戒・規制および指示標識の4種類があり，これらの様式，色彩，寸法など，あるいは設置者の区分，設置場所については，関係法令に定められている．

(1) **案内標識**　文字どおりドライバーを目的地へ案内するため，方向・距離などを示すもので，道路管理者が設置する．設置する場合，適切な大きさや配置を十分に検討することが必要である．

(2) **警戒標識**　交差点・屈折・踏切など危険な箇所をドライバーに予告するもので，道路管理者が設置する．

(3) **規制標識**　車両の行動を規制するための標識であり，設置区分は

　　「通行止め」，「自動車専用」など……道路管理者
　　「追越し禁止」，「駐車禁止」など……公安委員会
　　「車両通行止め」，「指定方向外進行禁止」など……上記両者

となっている．

(4) **指示標識**　横断歩道・安全地帯などを指示するための標識であり，規制予告については道路管理者が，他は公安委員会が設置する．

(c) 区画線と道路標示

区画線（carriageway marking）は，道路交通の安全，円滑化を図るため，舗装整備に合わせて，道路管理者により設置される．一方，道路標示（marking）は，有料道路を除き公安委員会が設置する．

「道路標示」とは，舗装された路面上に設けられる「路面標示」と，道路に近接する構造物などの前面に設けられる「垂直面標示」をいう．これらは，道路標識とともに，交通を管理するために，極めて有効である．

区画線および路面標示には，大別して車道中央線，車線境界線および車道外側線のように車道ないし車線の境界を示すもの，ならびに交通の流れを導くための線または縞模様による導流標示がある．

これらは，導流標示を除き，その様式・寸法・設置場所などが標識令に規定されている．

2 その他の付属施設

1 待避所

第3種第5級の道路は1車線道路であり，車両がすれ違うためには待避所を設ける必要がある．待避所は次の条件を満足するものでなければならない．

(1) 待避所相互の距離は300m以内とする．
(2) 待避所相互間の道路の大部分が待避所から見通すことができる．
(3) 待避所の長さは20m以上とし，その区間の車道の幅員は5m以上とする．

(1)は待避所での最大待ち時間を30秒として決定されたものであり，(2)は待避所がその効果を十分に発揮できるために必要な条件である．また，(3)は少なくとも1台の車両が待避できる長さとすれ違いに必要な幅員とを規定したものである．

図8·1に示すように，待避所の両端にはすりつけ部分を設けて車両の出入りを容易にする．

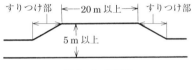

図 8·1 待避所

2 駐車場

道路の付属施設としての駐車場は，出入制限道路に設けられる休憩施設内の駐車場やタクシーの駐車場などの路外駐車場を対象にしている．

駐車場は，駐車区画と自動車を誘導するための通路とからなる．駐車区画の部分は，マーキングなどによって駐車マスすなわち1台の自動車を駐車させるための区画を明瞭に示すことが必要である．路外駐車場の一例を図8·2に示す．

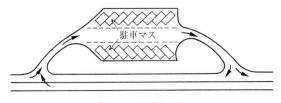

図 8·2 路外駐車場

3 バス停留施設

バス停留施設には，乗降のために道路の外側車線をそのまま使用するバス停留所（bus stop）と通過車道から分離して設けるバス停車帯（bus bay）とがある．

バス停車帯は，出入制限道路において設けるほか，バス停留所を設けるとその路線の交通容量が低下する場合にも設けられる．図8・3に示すように，バス停車帯は減速車線，停車線および加速車線からなる．

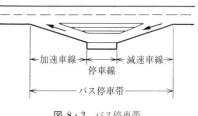

図8・3 バス停車帯

4 非常駐車帯

路肩が狭く故障車が待避する余地がない道路では，故障車によって事故や交通混雑を起こすおそれがあり，また交通容量にも大きな影響を与える．このような道路では，適当な間隔に図8・4に示す非常駐車帯（emergency parking bay）を設ける必要がある．

非常駐車帯の有効長は15～30mとし，両端にすりつけ部分を設ける．また，その幅員は3mとするが，側帯がある場合には側帯を含めて3mあればよい．

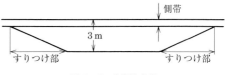

図8・4 非常駐車帯

5 休憩施設

出入制限道路において安全快適な旅行を行うためには，適当な間隔に休憩施設（rest area）を設ける必要がある．この休憩施設は，運転者の生理的欲求を満たし連続高速走行の疲労と緊張を和らげるとともに，自動車の給油などの要求に応じるものである．

休憩施設にはパーキングエリア（parking area）とサービスエリア（service area）とがある．これらはともに駐車して休憩するための施設であるが，サービスエリアがパーキングエリアと異なる点は，営業施設としての給油所があること

8・2 その他の付属施設

および売店以上の商業施設があることである．

平成5年から始まった「道の駅」の登録制度は，当初103箇所であったが，現在（平成26年10月）1040箇所にまで広がっており，既に単なる休憩施設に止まらず，最近では，①防災拠点，②産業振興拠点，③総合案内拠点，④地域のにぎわい拠点など，幅広く内容が整備されてきている．

特に防災関連では基本的な全国適防災ネットワークとして位置付け，情報発信基地となることが求められる．

6　共　同　溝

道路を本来の目的である交通以外の目的のために使用することを占用という．道路を占用する物件，施設の主なものは，水道管・ガス管などの地下埋設物，電柱・公衆電話ボックス・広告塔などの工作物，および鉄道・軌道などの施設である．

交通量の多い道路で，路面の掘削を伴う占用に関する工事が頻繁に行われることは，交通の障害となるばかりでなく道路構造の保全上からも望ましいことではない．そこで地下に埋設すべき公益物件の二つ以上を一括して収容する施設として共同溝 (common duct) がある．共同溝は，共同溝整備道路として指定された道路に設置される．図8・5は共同溝の一例である．

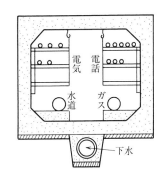

図 8・5　共同溝の例

7　そ　の　他

以上の諸施設のほか，多雪地帯における防雪および消雪施設，急な斜面における落石防止施設，トンネルの換気および照明施設なども道路の付属施設として必要なものである．

第 8 章 道路の付属施設

1. 交通安全施設をあげ，その目的を具体的に述べよ．
2. 交通管理施設の目的を説明せよ．
3. 次の施設を図示し，説明せよ．
    ① 待避所　② バス停留施設（停留所，停車帯）　③ 共同溝

維持修繕

第9章

路面下探査によって発見された空洞

　道路のもつ機能は，一般に供用とともに低下してくるが，適切な維持管理を行うことで，長期にその機能を維持することが可能となる．
　以下に，道路の維持修繕に関する概要を述べる．

1 道路の維持管理

（a）維持修繕の意義

　道路の維持修繕の目的は，道路利用者あるいは沿道住民の要求に添った道路サービスを提供することである．具体的には，第一に道路が築造されたときの機能を保持するための不断の手入れや修理をすることであり，第二に道路利用者の安全と便益を図るための作業や施設の軽易な整備を行うことである．

　また，災害復旧も被災した施設を原則として原型に復旧することを目的としたもので，修繕の一部と考えるのが妥当である．

　ここでいう「維持」と「修繕」の違いは必ずしも明確ではないが，一般に以下のように示されている．

　「維持」は道路の機能を保持するために行われる道路の保存行為であって，一般に計画的に日常反復して行われる手入れや軽度の修理をいう．たとえば，路面清掃，散水，除草，除雪，舗装のパッチング (patching)，表面処理，目地の充填，街路樹の剪定などがこれにあたる．

　さらに，これらの行為を的確に実施するために，道路の状況を巡回や点検で把握しておかなければならないが，こういった作業も維持作業といえる．

　「修繕」は日常の手入れで間に合わないような，比較的大きな損傷部分の修理や施設を更新することをいう．たとえば，舗装のオーバーレイ (overlay) や打換え，橋梁床版の打換え，トンネル覆工の補強などがこれにあたる．

　修繕は，修理で施設の機能を当初の状況まで復元することを目的とするが，最近では時代の要求にこたえて従前より高い機能を付加させた修理や，老朽化，耐震対策などからの更新や機能強化も修繕の対象としている．

（b）道路構造

　道路は，その地下空間も含めて社会生活に大きく寄与している．地下部分で見れば，電話，上下水道，ガス，電気，電話などのいわゆるライフラインが埋設されており，これらの収容も道路の大きな使命である．しかし，水道管からの漏水や地下水による土砂の流出などによる道路の陥没もしばしば見られ，道路を維持管理していくうえでは，路面下の構造にも目を向けることが重要である．

　最近では，レーダーを用いた道路の空洞探査技術が確立しており，非破壊で空

洞を高い確率で発見することができるようになっている．図9・1は空洞探査車で，時速20～40km程度で走行しながら探査する．

探査結果の例を図9・2に示す．写真の○印の部分が空洞の可能性を示しており，その程度を判断し，支持力やボーリングなどの詳細調査を行い，必要に応じ補修を行う．

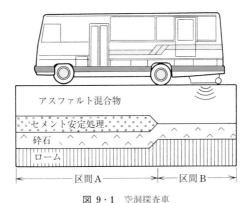

図9・1 空洞探査車

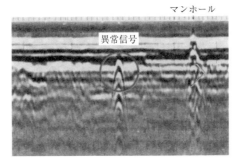

図9・2 探査結果の例

（c） 道 路 施 設

道路施設としては，第7章に示した排水施設，第8章に示した付属施設のほか，擁壁，護岸や植樹帯などがある．

（1） 擁　壁　　擁壁は主として道路の盛土や切土区間での土留めとして使用されており，擁壁に異常をきたすと大災害になる場合がある．特に急傾斜地や地すべり地帯では，常に擁壁の変状を監視しておくことが必要である．

（2） 排水施設　　道路の陥没などの破損は，水が原因で起こる場合が多く，

排水施設の維持修繕は特に重要である．排水施設としては，路面排水施設，地下排水施設，法面排水施設および横断排水施設の四つに分類される（第7章参照）．

2　舗装の評価

道路舗装の役割には，交通荷重を支えるという構造的な側面と，車両を安全・快適に走行させるという機能的な側面がある．最近では，積極的に走行車両による騒音を低減するなどの新しい機能も求められてきている．

これらの構造や機能は供用性能として定量的に評価されるが，舗装は築造された直後が最もその評価が高く，その後は交通による繰返し荷重や経年的な劣化などにより評価が低下する傾向がある．こういった供用性能の経時的な変化の程度を表す概念を供用性という．

舗装の設計，施工および管理の総合的な最適化を図るためには，舗装のライフサイクル（life cycle）の考え方が必要となる．舗装を評価することは，このような考え方や，PMS（Pavement Management System）の導入により，舗装という社会資本を効率的に運営するための手段として重要である．

舗装を評価し，その程度によって補修を行うが，いずれにしても破損の種類やその原因を把握しておくことが必要となる．

なお，舗装の評価には，路面性状を中心に供用性能を定量的に測定し，その時点の性能を総合的に評価したもの，構造的な健全度をたわみ性状測定から評価したもの，および空洞探査による路床，地盤まで含めた舗装構成の健全度評価などがある．

道路施設の老朽化に伴って発生する事故などを事前に防ぐ意味で，道路施設については全国総点検が行われているが，舗装の評価においても従来と異なり，道路の平たん性からIRI（第5章4性能指標の確認（c）平たん性―参照）による評価が求められている．

ここでは，舗装の破損と原因および評価手法の概要について示す．

1　舗装の破損形態

舗装の破損には構造的破損と機能的破損がある．

構造的破損は，交通の繰返し荷重による舗装構造の疲労が原因で，構造強度が低下し，さまざまな破損が発生する場合をいう．

機能的破損は，舗装構造の強度低下に直接起因しない要因で，表層あるいは表層・基層のもつべき機能（主として走行性能に影響を及ぼすもの）が低下する現象で，たとえば流動によるわだち掘れなどがある．

なお，最近では低騒音舗装やカラー舗装などの新たな機能を付加した舗装が施工されており，騒音レベルの悪化，色彩の劣化といった舗装の変形以外の機能低下も舗装の機能的破損に分類される．

（a）アスファルト舗装の主な破損と原因

アスファルト舗装の破損の種類と分類を図9・3に，破損の形態を図9・4～図9・8に示す．以下にその主な変状を示す．

（1）**ひび割れ**　ひび割れの形状は，主として線状と面状に分類されるが，線状ひび割れのうち，構造的要因によるものは経年とともに面状ひび割れに発達する傾向がある．特に施工ジョイント部などから発生する線状ひび割れは，水の浸透により，ポットホール（pot hole）などの破損に広がることが多い．

ひび割れの種類と発生原因を**表9・1**に示すが，原因が複合するひび割れもあるので，こういった現象が発生しないように，原因となる項目への十分な対策が必要である．

表 9・1　ひび割れの種類と発生原因

ひび割れの形状と種類			主な発生原因
線状	横断方向	温度応力クラック	極低温域でのアスファルト混合物層の収縮
		ヘアクラック	施工不良（転圧，温度管理，配合など）
		リフレクションクラック	コンクリート版の目地・クラック，下部構造物
	縦断方向	施工ジョイント部クラック	施工継目の接着不良
		わだち割れ	舗装表面の引張ひずみ
		ペーパークラック	フィニッシャーによる材料分離
面状	縦横斜め	劣化・老化クラック	混合物製造時の熱劣化，紫外線などによる老化
	亀甲状	構造的クラック	路床，路盤の支持力不足，凍上，線上クラックの発達

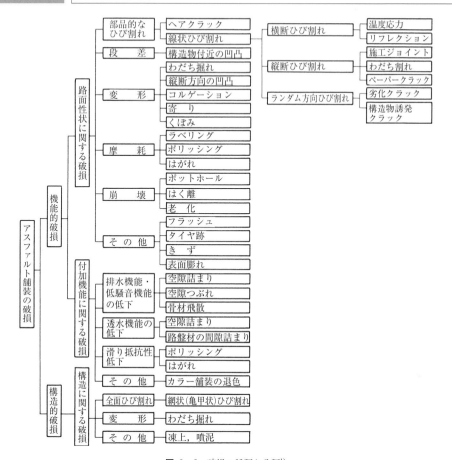

図 9・3　破損の種類と分類[1]

　わだち割れといわれるひび割れは，図9・9に示すように，混合物層下面から発生する場合と，ダブルタイヤによる表面の引張作用により表面から発生する場合がある．

　いわゆるペーパークラック（paver cracking）は，フィニッシャーのスクリューフィーダー部の回転駆動スプロケット下部や，伸縮スクリード接続部などで混合物が分離傾向を示した場合に起こるひび割れである．一般には転圧時のニーディング作用によってほとんどその要因は解消されるが，混合物の種類によるワーカビリチーの不足や，寒冷期の温度応力が大きいなどの要素が重なったときに，

図 9・4　流動によるわだち掘れ

図 9・5　摩耗によるわだち掘れ

図 9・6　温度収縮によるひび割れ

図 9・7 舗装の支持力不足によるひび割れ

図 9・8 橋面舗装のわだち掘れ

ひび割れとして顕在化することがある.

ヘアクラック（hair cracking）は舗設時に舗装表面に発生する微細なクラックである．その発生要因を**図 9・10** に

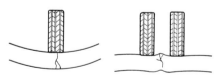

図 9・9 わだち割れの概念図

示す．一般には仕上げ転圧時に解消するが，発生要因が混合物や路床・路盤の支持力不足にある場合は消えにくい．その場合は，舗装の耐久性に問題が残ることがあるので，施工時点で要因を解明しておくことが必要である．

（2） **わだち掘れ** わだち掘れは，走行車両のタイヤ通過位置が凹状にへこむ現象で，舗装構造の不適切な場合や摩耗による場合などもあるが，最も多く見

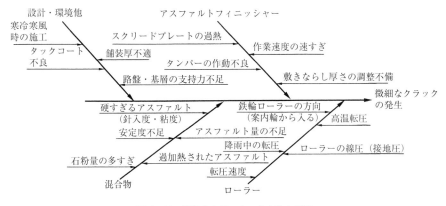

図 9・10 微細なクラックの主な発生原因

られるのは混合物の流動によるものである．これはアスファルトの高温域での粘弾性挙動に伴う塑性変形によるものである．

対策としては，粒度の改良やアスファルト量による調整などが行われているが，最も効果があるのは改質アスファルト (modified asphalt) （II型・セミブローン (semi-blown asphalt) など）の採用である．さらに効果を期待したい場合には，半たわみ性舗装などの特殊工法を採用する．

（3） **平たん性**　路面の平たん性は，広義には縦断方向と横断方向の凸凹評価をいうこともあるが，通常は横断方向の平たん性はわだち掘れとして評価し，単に平たん性という場合は縦断方向の凹凸の評価をいう．

平たん性は車両の走行性，安全性にも影響を及ぼすが，主としてドライバーの乗り心地評価の因子として採用されている．最近では沿道環境評価の中で，振動発生の要因としても取り上げられている．

一般に平たん性は，経年により低下する傾向があるが，路床部分の支持力の不均一性や構造物の存在による場合が多い．そのほかの破損，たとえばコルゲーション (corrugation)，ポットホール (pot hole)，段差などにより衝撃荷重が発生した場合も，極端に平たん性を低下させる要因となる．

（b）　**コンクリート舗装の主な破損と原因**

コンクリート舗装の破損を大別すると構造が原因での破損，座屈，エロージョン (erosion) のように気温，天候などが原因で発生する破損，目地などのように材料の強度特性によって発生する破損などがある．それぞれの概要を以下に示す．

（1）**構造的な破損**　コンクリート舗装で構造的に支持力不足の場合，縦横断に全面的なひび割れが発生することがある．初期には隅角部から始まり，長期に放置しておくと亀甲状に至る．原因としては，路床・路盤の支持力不足だけでなく，目地の機能が不完全となった場合にも発生する．その他，交通荷重の増大によって，コンクリート舗装版厚が不足するような場合にも，同様な破損が見られる．

また，コンクリートは表面と下面の温度差によって反りが発生するが，このとき発生する温度応力と荷重による応力の合成応力が許容応力を超えた場合にもコンクリート版が破損する．

（2）**座屈**　コンクリート版が気温の上昇によって膨張し，目地部での移動余裕幅が不足しているときに，舗装版端部が圧縮破壊する現象である．なお，同じ現象でコンクリート版が持ち上がる現象をブローアップ（blow-up）という．

（3）**エロージョン**　目地部やひび割れ部から水が入り，路盤が弱った状態になると，交通荷重によって目地部から細粒分などが吹き出すことがある．この現象をポンピング（pumping）というが，これにより舗装版下部に空洞を生じたのがエロージョンである．

（4）**目地部の破損**　コンクリート舗装では，目地部が最も弱点となりやすく，特に目地材は飛散や流れ出しが起こることが多い．また目地縁部が欠ける現象もよく見られる．

2　評価方法

舗装の路面性状は車両走行の快適性，安全性にかかわるので，車両運転者から直接評価される性状であるが，こういった定性的な評価は，評価する者によって大きく異なることもある．したがって評価の対象を，平たん性，すべり抵抗性といった客観的要素で定量的に評価する．

また，最近では沿道への騒音や振動といった環境要素も取り入れた吸音（低騒音）特性や，段差を含む平たん性も組み込んで評価する手法もとられるようになってきた．

（a）**路面の総合評価**

従来行っている路面性状の評価方法は，PSI（Present Serviceability Index：供用性指数）あるいは MCI（Maintenance Control Index：舗装維持管理指数）

といった総合評価方式で，わだち掘れ量，ひび割れ率および平たん性の3要素を用いている．

（1） **PSI**　　PSIの計算式は式 (9・1) のとおりである．
$$\text{PSI} = 4.53 - 0.518\log\sigma - 0.317\sqrt{C} - 0.174D^2 \tag{9・1}$$
ここで，σ：縦断凹凸量（平たん性）〔mm〕，C：ひび割れ率〔%〕
　　　　D：わだち掘れ量〔cm〕

PSIは乗り心地指数ともいわれ，ドライバーの乗り心地を中心に舗装路面の評価をしたもので，要因の中では，破損の程度が大きくなるにしたがって，わだち掘れ量の寄与率が大きくなる．

一般に，管理路線全体や各路線単位などネットワークレベルで，補修の優先順位やおおよその対象工法を見いだすために利用されている．

（2） **MCI**　　MCIの計算式を式 (9・2)～(9・5) に示す．
$$\text{MCI} = 10 - 1.48C^{0.3} - 0.29D^{0.7} - 0.47\sigma^{0.2} \tag{9・2}$$
$$\text{MCI}_0 = 10 - 1.5C^{0.3} - 0.3D^{0.7} \tag{9・3}$$
$$\text{MCI}_1 = 10 - 2.23C^{0.3} \tag{9・4}$$
$$\text{MCI}_2 = 10 - 0.5D^{0.7} \tag{9・5}$$

ここで，各要素はPSIに同じ（ただし，Dの単位はmm）．なお，コンクリート舗装の場合は，ひび割れ度（C_0）に係数（h）を掛けてひび割れ率に換算する．

　　　　ひび割れ度≥ 5の場合：$h = 1$
　　　　ひび割れ度< 5の場合：$h = (C_0 + 25)/30$

PSIがドライバーの乗り心地を中心に評価した手法であるのに対し，MCIは舗装の維持管理を行うための手法として開発されたことから，道路管理者の立場での評価指数となっている．したがって，舗装の耐久性も含めて評価しており，ひび割れ率のMCIに対する寄与率が比較的大きくなっている．

さらに，式 (9・3)～(9・5) に見るように，要因の1あるいは2要素による評価式も含め評価できるようになっているため，たとえばわだち掘れが極端に大きくなれば，ひび割れや平たん性に関係なく補修を行うべき評価指数として計算される．したがって，各要素のデータはすべての式にあてはめて，最も悪い評価値をMCIの代表値とする．

（b）　**路面性状の調査方法**

路面の総合評価に用いる各要素の性状調査方法を**表9・2**に示す．

表 9・2 路面性状調査の方法

要 素	人力による調査	路面性状測定車による調査
ひび割れ	① スケッチ ② ディジタルカメラ記録コンピュータ解析	原理：面，線または点撮影方式 記録：光ディスク，フィルム，ビデオテープ
わだち掘れ	① 横断プロフィルメーター ② 直定規 ③ 水 糸	原理：光切断方式，フライングスポット方式 記録：フィルム，ビデオテープ，フロッピー，磁気テープ
平たん性	① 3mプロフィルメーター ② 3m直定規	原理：3点測定方式 記録：フィルム，ビデオテープ，フロッピー，磁気テープ

（1） **ひび割れの調査方法**　ひび割れの程度は，アスファルト舗装では，調査対象面積に対するひび割れの生じている箇所の面積比（ひび割れ率）で表し，コンクリート舗装では調査対象面積に対するひび割れの長さ比（ひび割れ度）で表現する．

ひび割れの測定には，スケッチによる方法が基本である．

最近は路面性状測定車やディジタルカメラを用いて路面を撮影し，コンピュータ解析する方法も用いられているが，いずれの方法もスケッチ法による方法と同様の計算を行って，ひび割れ率またはひび割れ度を算出している．これらはスケッチによる手間を機械に置き換えているもので，精度はスケッチ法と同様である．

それぞれの算出方法を式（9・6），（9・7）に示す．

$$\text{ひび割れ率} = \frac{\text{ひび割れ面積}〔\text{m}^2〕}{\text{調査対象面積}〔\text{m}^2〕} \times 100 〔\%〕 \tag{9・6}$$

$$\text{ひび割れ度} = \frac{\text{ひび割れ長さの累計}〔\text{cm}〕 + \dfrac{\text{パッチング面積}〔\text{m}^2〕 \times 100}{0.3〔\text{m}〕}}{\text{調査対象区間面積}〔\text{m}^2〕} 〔\text{cm}/\text{m}^2〕 \tag{9・7}$$

図 **9・11** に路面性状測定車の例を示す．

（2） **わだち掘れの調査方法**　わだち掘れの調査は，路面の横断形状から，わだち掘れ深さを測定するもので，測定結果の算出には平均法とピーク法がある．

平均法は主として一般国道などで広く用いられている方法で，ピーク法は高速道路で用いられている．平均法の測定方法を図 **9・12** に，ピーク法を図 **9・13** に示す．

9・2 舗　装　の　評　価

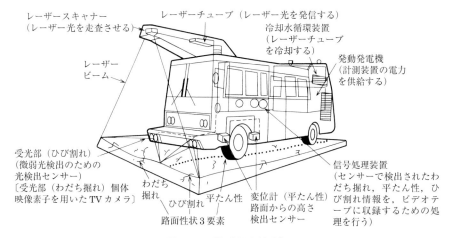

図 9・11　路面性状測定車[2)]

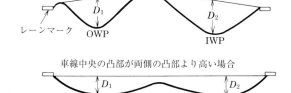

図 9・12　平均法によるわだち掘れの算出方法[2)]

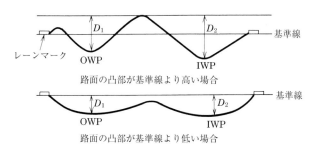

図 9・13　ピーク法によるわだち掘れの算出方法[2)]

図9・12では、道路端部と最高点あるいは最高点が端部より低い場合は端部を結んだ線を基準線とし、基準線からの下がり量 D_1〔cm〕と D_2〔cm〕のうち、大きいほうの値をわだち掘れ量とする．

図9・13では、路面の最高点から最低点までの鉛直距離 D_1〔cm〕と D_2〔cm〕のうち、大きいほうを最大わだち掘れ量とする．

測定方法は直接現場で測定する場合は水糸や横断プロフィルメーターによる方法が一般的であるが、最近はコンピュータを搭載した簡易な横断測定機による方法も用いられている．

また、路面性状測定車により測定する方法もとられているが、これは路線全体の評価に用いられることが多い．

（3）　**平たん性の調査方法**　　平たん性の測定は、3mプロフィルメーターによる測定が一般的であるが、簡便な方法として3m定規による方法や、測定精度を上げるために高速道路などでは8mプロフィルメーターを用いることがある．

測定原理はいずれも同じで、縦断方向の路面の形状を記録し、1.5m間隔で基準線からの下がり（d）を読み取り、式（9・8）により標準偏差を計算する．

$$\sigma = \sqrt{\{\Sigma d^2 - (\Sigma d)^2/n\}/(n-1)} \qquad (9\cdot8)$$

ここで、σ：平たん性〔mm〕，d：波高の測定値〔mm〕，n：データ数

（c）　**構造の評価方法**

舗装の構造がどの程度の健全度を保っているかを知ることは、適切な補修工法の選択や将来の破損予測のためにも必要である．

舗装の構造評価の中で最も重要なものは支持力評価であり、開削調査などではCBR試験や平板載荷試験が行われ、舗装表面からの調査では一般にたわみ量測定が行われている．

構造評価は、測定したわみ量によりオーバーレイ厚さの設計や舗装を構成する各層の弾性係数を推定し、構造状態の判断や理論的設計への利用など、幅広く用いられている．

構造評価のためのたわみ量測定方法の主なものには、**表9・3**に示す装置がある．これらのうち、わが国で多く使用されているものは、平板載荷、ベンケルマンビーム、フォーリングウエイトデフレクトメーターおよびダイナフレクト（dynaflect）などである．

以下に代表的な測定方法の概要を示す．

9・2 舗装の評価

表 9・3 たわみ測定装置の概要[2]

載荷方式	装 置 名	概略測定数/日	装 置 の 概 要
静的または低速載荷重	平板載荷試験 (plate bearing test)	数点	・路面に設置した剛性載荷板に，油圧ジャッキで荷重をかけダイヤルゲージでたわみ量を測定する． ・装置は安価であるが，試験完了までかなり時間がかかる．普及度は高い．
	ベンケルマンビーム (Benkelman beam)	100〜200	・ビーム先端を荷重下に置き，先端の動きを手元のゲージで読み，ビーム先端の沈下量を求める． ・装置は簡便で安価であるが，多くの人員を要し非能率的である．普及度は高い．
	曲率計 (curvature meter)	50〜100	・長さ約300mmの棒の両端に脚，中心にダイヤルゲージを取り付け，たわみ曲線の最大たわみと曲率を求める． ・測定に時間がかかる．普及率は低い．
	自動たわみビーム (automated deflection beam) ・ラクロアデフレクトグラフ (La Croix deflectograph) ・イギリス式舗装たわみデータ収集走行機 (British pavement deflection data logging machine) ・カリフォルニア式走行たわみ測定機 (California traveling deflectometer) ・土研式自動ベンケルマンビーム測定機	2000〜4000	・載荷車は自動ビームを設置し，載荷車が一定速度で走行している間に自動的にビームを測定位置に動かす方式である． ・ベンケルマンビームの測定速度と人員の欠点を補うために開発されたものである． ・短時間で多くのデータが得られる． ・国内ではラクロア式が1台導入されただけ．
	カービアメーター (curviameter)	—	・載荷車の後輪により載荷されたときのたわみのある地点の垂直方向の加速度を測定するものである． ・走行速度は比較的速く，またたわみ曲線が得られる．国内では導入されていない．
定常波載振機	ダイナフレクト (dynaflect) ロードレーター (road rater) 16 Kipバイブレーター (16 Kip vibrator)	50〜300	・動的載荷発生装置により舗装表面に正弦波振動を与え，表面の変位をいくつかのセンサーにより測定する． ・運転席から測定制御が可能で，比較的多くのデータが得られる． ・国内ではダイナフレクトが数台導入されている．
衝撃載荷重	フォーリングウェイトデフレクトメーター (falling weight deflectometer)	100〜300	・質量をある高さから載荷板に落下させ，このとき生ずる舗装路面のたわみ形状をいくつかのセンサーにより測定する． ・操作はベンチコンなどにより運転席から制御できる．測定時間は比較的短く，多くのデータが得られる． ・国内ではベンチ十数台が導入されている．
マルチモード荷重	連邦道路局サンパー (FHWA thumper)	—	・静的から動的まで種々のモードでの載荷のためたわみが測定できる． ・研究用に開発された装置である．
その他	マルチデプスデフレクトメーター (multidepth deflectometer)	数点	・舗装内部に変位計を装着し，舗装体の深さ方向のたわみ分布を測定する． ・FWDが利用される． ・研究用として使用されている．
	表面波スペクトル解析 (spectral analysis of surface waves)	数点	・衝撃により種々の周波数をもつ表面波を発生させ，路面に置かれたセンサーにより波動伝搬を検出する． ・一地点の測定に20〜40分の時間を要する． ・主に研究用に使用され，国内での普及はほとんどない．

（1） **平板載荷試験** 路盤や路床の支持力係数や弾性係数を求めるために利用されている．

支持力係数は K 値で代表されるが，1 cm の沈下に要する荷重強さ（路盤のばね定数）である．言い換えると，式 (9·9) に示すように，荷重強さと沈下量の比例定数である．

$$荷重強さ(W) = 支持力係数(K) \times 沈下量 \quad (9 \cdot 9)$$

すなわち，路盤（路床）が弾性体であることを前提としている．

（2） **ベンケルマンビーム**（Benkelman beam） 図 9·14 に示す装置で，輪荷重によって路面に生ずる鉛直方向のたわみ量を測定する．現場で比較的簡便に利用できることから，アスファルト舗装の構造評価，路床・路盤の支持力評価に広く用いられている．

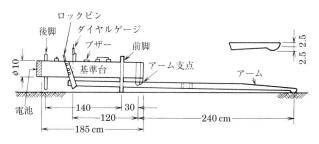

図 9·14　ベンケルマンビーム[3]

（3） **フォーリングウエイトデフレクトメーター**（Falling Weight Deflectometer） 英文字の頭文字をとって一般に FWD と呼ばれている．これは載荷板を介して舗装の路面におもりを落下させ，その衝撃荷重によって発生する変位を，荷重直下と半径方向の位置に配したセンサーによって測定する装置である．

測定のシステムとたわみ量の出力波形の例を図 9·15，図 9·16 に示す．

図 9·16 に示す波形特性から，弾性理論の逆解析によって，舗装各層の弾性係数を推定できることから，舗装の非破壊による構造評価に最近用いられるようになってきた．

（d） **舗装のライフサイクル**

舗装のライフサイクルの概念は，一般に図 9·17 に示される．この図で，縦軸は供用性能を表すが，これは舗装の支持力と路面性状および要求される機能の程度を表す概念である．また供用性は，経時的な供用性能の変化の程度を表す概念で

9・2 舗装の評価

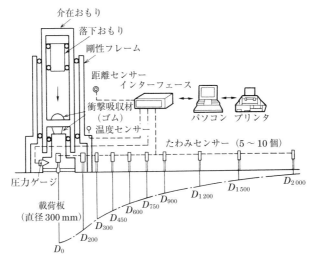

図 9・15 FWD たわみ測定システム[4]

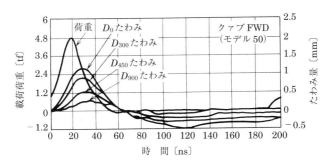

図 9・16 FWD 出力波形の一例[4]

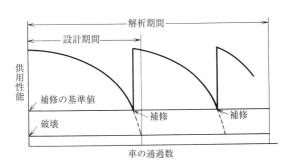

図 9・17 舗装のライフサイクルの概念図

ある．

このようなライフサイクルの考え方をもとに，舗装を効率的かつ総合的に運用・管理するためのシステムを「舗装マネジメントシステム」(Pavement Management System：PMS) という．さらに維持修繕まで含めた運用・管理システムを「舗装メンテナンスマネジメントシステム」(Pavement Maintenance Management System：PMMS) という．

舗装のライフサイクルの考え方をマネジメントシステムに組み込むことは，効率のよい維持修繕をするうえで不可欠のものとなってきている．すなわち，各路線のデータベースをもとに，特定した路線が現在どの程度の破損状況か，あるいはいつ修繕をすべきかといったことを，全路線について調査しておけば，修繕に対する優先順位づけができ，また最も経済的で効率的な維持修善を行うことが可能となる．

3　舗装の維持修繕

1　舗装の維持管理の意義

舗装は図9・17に示したように，供用期間を経ることによって供用性能が低下してくるが，ある一定の供用性能の段階で補修を行う．この一定の供用性能を，たとえばPSIで2.5といった指数で決めて，それ以下にならないように管理するという考え方がある．

一方で，舗装の供用性能が悪くなってくると，車両の走行速度が低下し，渋滞につながったり，沿道住民の立場から見ると騒音や排気ガスによる被害が増大したりして，社会的コストの増大につながる．こういったユーザーコストや補修にかかる費用なども考慮して，総合的に管理の水準を決める考え方もある．

図9・18は補修費用およびユーザーコストを含めたコストと舗装のライフサイクルのマスターカーブを示した概念図で，コストは維持にかかる費用を含めてある段階Ⓑで大きく変曲することを示している．ここから設計期間に至る間のコストは急激に上昇する(Ⓑ→Ⓐ)．したがって，管理水準は，単にPSIといった指数によって決めるのではなく，コスト変曲点も考慮して決定する．言い換えれば，

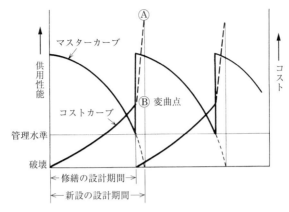

図 9・18 舗装のライフサイクル修繕コスト

変曲点に至るところを管理水準とするといった考え方も，経済的に効率のよい方法である．

舗装を新設あるいは修繕を行ってから破壊に至るまでの期間を一般に設計期間と称している．一方，ある状態で車両の通行に極めて大きな支障が出る状態を破壊とするならば，そのような状態に至るまで舗装を放置しておくことは，原則的には許されない．したがって，舗装が破壊に至るまでのある時点では，機能的破損を中心に修繕を行い，供用性能を回復することになる．このような一般的な対応を基本に考えると，構造的に破壊に至るまでの設計期間（新設の設計期間）と，管理水準に至るまでの設計期間（修繕の設計期間）の設定が必要となる．

構造的破損と機能的破損を含めた供用性能の推移を考え，新設から修繕するまでの期間あるいは修繕から次の修繕までの期間を修繕の設計期間と定義すると，舗装の修繕のサイクルと舗装のライフサイクルの実体は**図9・19**に示す概念図のようになる．

2 アスファルト舗装の維持修繕

アスファルト舗装の維持修繕工法は，大きく分けると以下のようになる．

(a) 維 持 工 法

(1) **パッチング**(patching)　ポットホールや段差などに応急的に対応する場合に用いる工法で，アスファルト混合物（加熱あるいは常温）を対象となる部分に充填する．局部的な場合と帯状にかなりの延長を対象とする場合がある．局

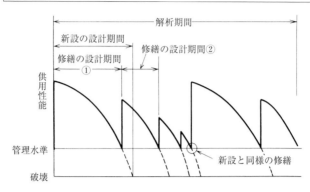

図 9・19　修繕サイクルと舗装のライフサイクルの概念

部的な場合は，一般に常温混合物を充填しタンパー（tamper）などで締め固める．帯状に長い場合は，小型のフィニッシャーを用い，小型のロードローラー（road roller）などで締め固める．

　（2）**充填処理**　　ひび割れ部にアスファルト系あるいは樹脂系の充填材を浸透させ，水の浸入を防ぐ．前処理として，ひび割れ部の汚れをコンプレッサーなどで清掃しておくと補修効率がよい．

　（3）**表面処理**　　舗装の全面に比較的小さな変形，摩耗などが発生した場合，全面にシールを行う方法である．アスファルト乳剤と細骨材などを混合したスラリーシール（slurry seal）工法や，マイクロサーフェーシング（micro-surfacing）工法，常温混合物で行う 2.5 cm 以下の薄層舗装がある．

　これらには改質アスファルト乳剤が用いられるが，近年その品質が著しく向上し技術開発が進んだため，耐久性に富む舗装の若返り工法として期待される．

　マイクロサーフェーシングは，急硬性の改質アスファルト乳剤と，6～12 mm の砕石およびスクリーニングス（screenings）を使用し，反応により短時間に硬化する材料で，施工厚は数 mm～30 mm 程度まで可能である．混合物の摩耗抵抗性と滑り抵抗性が優れている．この改質アスファルト乳剤は，交通量に応じて，耐久性を向上させるために，ポリマー（polymer）を 3% 以上添加する．最近は混合物の耐久性向上のため，各種のファイバーを適量混入する例が増えてきている．

　（4）**局部打換え**　　局部的に破損が著しい場合，路盤から入れ換える工法で，材料，工法とも一般のアスファルト舗装と同様である．

(b) 修繕工法

(1) **オーバーレイ**　応急的な処置では，比較的早期に再度破損が全面的に進行すると考えられる場合や，舗装厚が不足していると考えられる場合に，1層あるいは2層のアスファルト混合物層を舗設する．

(2) **切削打換え**　既設の表層あるいは表層・基層が破損している場合で，オーバーレイでは対処できないときに，破損した層を切削して除去した後，新しい材料で舗設する．

(3) **打換え**　舗装の破損が著しく，構造上も問題がある場合，舗装の一部あるいは全部を除去し，新しく舗装を施工する．一般に舗装の設計期間（寿命）が終了した場合に対応する工法である．

(4) **再生工法**　打換えや切削打換え工法，オーバーレイ工法の代替工法として開発された工法に，路上再生路盤工法，路上表層再生工法がある．これは既設材料を現場で改良して再使用する工法で，資源の有効利用の面からも効果がある．

3　コンクリート舗装の維持修繕

コンクリート舗装の維持修繕工法は，およそ次のとおりである．

(a) 維持工法

(1) **シーリング**(sealing)　舗装版の表面に入ったひび割れや，目地材が飛散した箇所には，注入目地材などのシール材を注入し，水の浸入を防ぐ．早期に処置すれば，大きな破損の予防ともなる．

(2) **パッチング**　アスファルト舗装と同様であるが，コンクリート舗装の場合は目地部での段差や座屈，版の持上りなどで平たん性を損なうことがあるので，こういう箇所も応急的に処置する．コンクリート舗装のパッチングにアスファルト混合物を用いることもあるが，なじみがよくないので，セメント系あるいは樹脂系のパッチング材を用いることが多い．

(3) **注入工法**　コンクリート版の下部に空洞ができた場合，舗装版に穴をあけ，そこからブローンアスファルトやセメントグラウトを注入し，空洞を埋めるアンダーシーリング（under sealing）工法，サブシーリング（sub-sealing）工法がある．

(4) **表面処理**　コンクリート舗装の路面が摩耗して，滑り抵抗値が低下し

た場合は，アスファルト舗装の表面処理と同様の工法で補修することがある．

(b) **修繕工法**

(1) **オーバーレイ**　交通の増加によってコンクリート版厚が不足した場合や，表面が荒れ，あるいは摩耗した場合など，アスファルト混合物によるオーバーレイや，ファイバーコンクリート（fiber reinforced concrete）あるいはレジンコンクリート（resin concrete）によるオーバーレイ工法を採用することがある．

この場合，コンクリート版の目地部の挙動によりオーバーレイした表面の舗装にリフレクションクラックが発生することがあるので，リフレクションクラック防止対策を同時に施すことが必要である．

(2) **打換え**　舗装の破損が著しく，オーバーレイでは不十分な場合は，打換え工法を採用する．破損の程度によって部分的に目地と目地の区間を限定して行う場合と，全面的に行う場合がある．

◆ 参　考　文　献 ◆

1) 稲垣：講座・舗装工学，概説⑥，舗装（1997.1）
2) 舗装に関する研究小委員会：舗装工学，土木学会（1995.6）
3) 舗装試験法便覧，日本道路協会（1988.11）
4) 伊藤，ほか：FWDのメカニズム，アスファルト，Vol.35，No.175（1993.6）

1　アスファルト舗装のわだち掘れ対策について説明せよ．
2　舗装路面の平たん性が2.5mm，わだち掘れ量が28mm，ひび割れ率が3.5％のときのPSIを求めよ．
3　舗装のライフサイクルについて簡潔に説明せよ．
4　舗装の維持修繕工法を分類し，列記せよ．

付録・資料

1　全国高速道路路線網図

（高速自動車国道の路線を指定する政令）
（最終改正：平成 20 年 1 月 18 日政令第 6 号）

（イ）高速自動車国道

路線名		起点	終点
北海道縦貫自動車道函館名寄線		函館市	名寄市
北海道横断自動車道	黒松内釧路線	北海道寿都郡黒松内町	北海道釧路郡釧路町
	黒松内北見線		北見市
東北縦貫自動車道	弘前線	東京都練馬区	青森市
	八戸線		
東北横断自動車道	釜石秋田線	釜石市	秋田市
	酒田線	仙台市	酒田市
	いわき新潟線	いわき市	新潟市
日本海沿岸東北自動車道		新潟市	青森市
東北中央自動車道相馬尾花沢線		相馬市	尾花沢市
関越自動車道	新潟線	三鷹市	新潟市
	上越線		上越市
常磐自動車道		東京都練馬区	仙台市
東関東自動車道	千葉富津線	千葉市	富津市
	水戸線	東京都練馬区	水戸市
北関東自動車道		高崎市	ひたちなか市
中央自動車道	富士吉田線	東京都杉並区	富士吉田市
	西宮線		西宮市
	長野線		長野市
第一東海自動車道		東京都世田谷区	小牧市
東海北陸自動車道		一宮市	礪波市
第二東海自動車道横浜名古屋線		横浜市	名古屋市
中部横断自動車道		静岡市	佐久市
北陸自動車道		新潟市	米原市
近畿自動車道	伊勢線	名古屋市	伊勢市
	名古屋亀山線		亀山市
	天理吹田線	天理市	吹田市
	名古屋神戸線		
	松原那智勝浦線	松原市	和歌山県東牟婁郡那智勝浦町

路線名		起点	終点
近畿自動車道	尾鷲多気線	尾鷲市	三重県多気郡多気町
	敦賀線	吹田市	敦賀市
中国縦貫自動車道		吹田市	下関市
山陽自動車道	吹田山口線	吹田市	山口市
	宇部下関線	宇部市	下関市
中国横断自動車道	姫路鳥取線	姫路市	鳥取市
	岡山米子線	岡山市	米子市
	尾道松江線	尾道市	松江市
	広島浜田線	広島市	浜田市
山陽自動車道	鳥取益田線	鳥取市	益田市
	長門美祢線	長門市	美祢市
四国縦貫自動車道		徳島市	大洲市
四国横断自動車道	阿南四万十線	阿南市	四万十市
	愛南大洲線	愛媛県南宇和郡愛南町	大洲市
九州縦貫自動車道	鹿児島線	北九州市	鹿児島市
	宮崎線	宮崎市	宮崎市
九州横断自動車道	長崎大分線	長崎市	大分市
	延岡線	熊本県上益城郡御船町	延岡市
東九州自動車道		北九州市	鹿児島市
成田国際空港線		成田市大山	成田国際空港
関西国際空港線		泉佐野市上之郷	関西国際空港
関門自動車道		下関市	北九州市
沖縄自動車道		名護市	那覇市
関西国際空港線		泉佐野市上之郷	関西国際空港
関門自動車道		下関市	北九州市
沖縄自動車道		名護市	那覇市

（ロ）一般国道自動車専用道路

路線名	起点	終点
日高自動車道	苫小牧市	浦河町
深川・留萌自動車道	深川市	留萌市
旭川・紋別自動車道	旭川市	紋別市
帯広・広尾自動車道	帯広市	広尾町
函館・江差自動車道	函館市	江差町
津軽自動車道	青森市	鰺ヶ沢町
三陸縦貫自動車道	高知市	宮古市
八戸・久慈自動車道	八戸市	久慈市
首都圏中央連絡自動車道	横浜市	木更津市
中部縦貫自動車道	松本市	福井市
能越自動車道	砺波市	輪島市
伊豆縦貫自動車道	沼津市	下田市
三遠南信自動車道	飯田市	浜松市
東海環状自動車道	四日市市	豊田市
京奈和自動車道	京都市	和歌山市

路線名	起点	終点
西神戸自動車道	神戸市	三木市
京都縦貫自動車道	京都市	宮津市
北近畿豊岡自動車道	丹波市	豊岡市
尾道・福山自動車道	尾道市	福山市
東広島・呉自動車道	東広島市	呉市
今治・小松自動車道	今治市	西条市
高知東部自動車道	高知市	安芸市
西九州自動車道	福岡市	武雄市
南九州西回り自動車道	八代市	鹿児島市
那覇空港自動車道	那覇空港	市原町
本州四国連絡道路		
（神戸・鳴門ルート）	神戸市	鳴門市
（児島・坂出ルート）	早島町	坂出市
（尾道・今治ルート）	尾道市	今治市

付録・資料

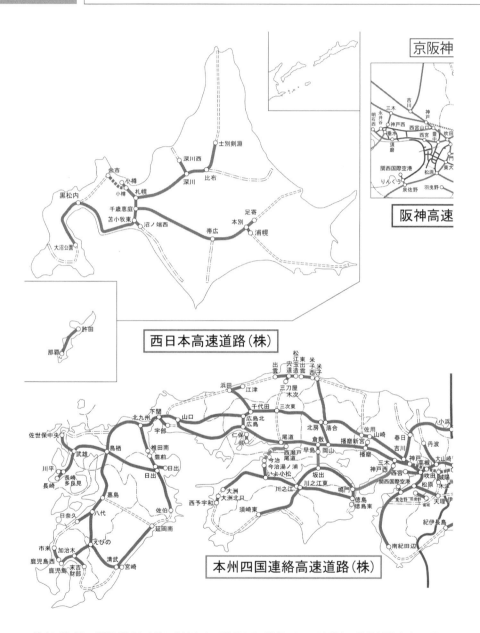

※協定に基づき、機構が保有し会社に貸付けている路線および会社において事業中の路線を示したものである。

全国高速道路路線網図

2　道路関係法令

（昭和 45 年 10 月 29 日政令第 320 号）
（最終改正：平成 23 年 12 月 26 日政令第 424 号）

（a）　**基本的な道路の管理に関する法令**
（1）　道路法（昭和 27 年法律第 180 号）　道路に関する基本法であり，道路の種別，指定・認定手続き等を定めるとともに，その管理体系を明示している．また，道路がその本来の機能を果たすための道路の占用，保全に必要な諸規定のほか，道路の管理に必要な費用負担区分等を定めている．
（2）　道路の修繕に関する法律　道路法で国の負加または補助の対象にならない道路の修繕工事について，その緊急性にかんがみ，当分の間その費用の一部を補助することなどを定めている．

（b）　**道路整備を促進するための政策的な法令**
（1）　道路整備費の財源等の特例に関する法律（昭和 33 年法律 34 号）　道路整備の財源に関する根拠法で，道路を緊急かつ計画的に整備することによって，円滑な交通を確保し，生活環境を改善し，国民経済の健全な開発に資することを目的としている．
（2）　積雪寒冷特別地域における道路交通の確保に関する特別措置法
（3）　奥地等産業開発道路整備臨時措置法
（4）　交通安全施設等整備事業に関する緊急措置法
（5）　道路整備特別会計法
（6）　踏切道改良促進法
（7）　自転車道の整備などに関する法律

（c）　**有料道路に関する法令**
（1）　道路整備特別措置法（1956 年法律第 7 号）　有料道路制度を道路法の特則として認め，有料道路の新設，改築，その他の管理及び料金の徴収等に関し，所要の規定を定めたものである．
（2）　高速道路株式会社法
（3）　独立行政法人日本高速道路保有・債務返済機構法
（4）　日本道路公団等民営化関係施行法
（5）　地方道路公社法
（6）　東京湾横断道路の建設に関する特別措置法

（d）　**道路財源関係の法令**
国および地方を通じて，道路整備の財源は複雑な体系をなしている．国の特定財源である揮発油税，石油ガス税は，それぞれ揮発油税法，石油ガス税法で定められ，国から地方への贈与税である地方道路譲与税，石油ガス譲与税，自動車重量贈与税は，それぞれ地方道路譲与税法，石油ガス譲与税法，自動車重量譲与税法で定められている．また，地方の特定財源である軽油引取り税，自動車取得税は地方税法中に規定がある．

（e）　**その他関連の法令**
（1）　幹線道路の沿道の整備に関する法律
（2）　軌道法
（3）　鉄道事業法

- (4) 道路運送法
- (5) 道路運送車両法
- (6) 道路交通法
- (7) 交通安全対策基本法
- (8) 自動車の保管場所の確保に関する法律
- (9) 駐車場法
- (10) 自転車の安全理用の整備及び自転車駐車場の整備に関する法律

付 録 ・ 資 料

3　五箇年計画の主要課題と計画規模

計画名	主要課題	計画額 〔億円〕
第1次 (昭29～33)	1. 道路種別では国道特に一級国道 2. 事業区別では橋梁の整備を第一，舗装新設を第二	2 600
第2次 (昭33～37)	1. 名神（小牧～西宮）の37年度完成 2. 一級国道は40年度までに全路線概成 3. 国土を縦断，横断する国道改築の促進，首都高速，雪寒	10 000
第3次 (昭36～40)	1. 一級国道は40年度全路線概成 2. 二級国道は45年度全路線概成 3. 名神の完成，オリンピック関連道路，踏切対策，雪寒	21 000
第4次 (昭39～43)	1. 一級国道は43年度概成 2. 二級国道は47年度概成 3. 一般有料，大阪天理線，東京高崎線，東京外環などの着手	41 000
第5次 (昭42～46)	1. 重要な高速自動車国道網および一般国道網ならびに都市およびその周辺における道路 2. 交通安全，雪寒，奥産に特に配意	66 000
第6次 (昭45～49)	1. 高速自動車国道などの基幹的な道路，都市周辺の幹線道路，市街化区域内の道路および生活基盤としての道路 2. 交通安全，雪寒，奥産に特に配意	103 500
第7次 (昭48～52)	1. 高速道路をはじめとする国道網，地方道，国道の環状バイパス 2. 自転車道，歩行者専用道，レクリエーション道路 3. 東京外環，東京湾岸などの環状道路，市街地再開発	195 000
第8次 (昭53～57)	1. 安全，生活基盤，生活環境，国土の発展基盤，維持管理の充実など 2. 全国幹線道路網，生活基盤の強化・生活環境の改善に資する地域道路網，道路整備が特に遅れている特定地域の道路網	285 000
第9次 (昭58～62)	1. 安全，生活基盤，生活環境，国土の発展基盤，維持管理の充実など 2. 災害に強い安全な道路，効率的な地域道路網，バイパス・環状道路，高規格の幹線道路，維持管理の充実など	382 000
第10次 (昭63～平4)	1. 高規格幹線道路網による交流ネットワーク強化 2. 地方都市の環状道路や大都市圏の自専道など，地域の骨格幹線整備 3. テクノポリスなどプロジェクトの支援による地域交流を促進 4. ボトルネック対策，沿道環境創出	530 000
第11次 (平5～9)	1. 高規格幹線道路と一体となって地域の連携を強化する地域高規格道路の着手など，集積圏の形成による活力ある地域づくり 2. 総合的な渋滞対策や駐車対策，情報サービスの高度化などによるくらしの利便性向上 3. 交通安全対策の推進，災害への信頼性の確保などによるくらしの安全性向上 4. 歩行者・自転車のための空間整備，沿道と連携した景観整備 5. 地球温暖化の防止，自然環境との調和，良好な生活環境の保全・形成	760 000
第12次 (平10～14)	1. 高規格・地域高規格道路などの整備や他交通機関との連携強化による物流の効率化，中心市街地の活性化などによる新たな経済構造実現に向けた支援 2. 地域や町の骨格となるバイパス，環状道路などの整備，主要渋滞ポイントの解消，電線類の地中化の推進などによる地域・町の基盤づくり 3. 歩行者空間の再構築，事故多発地点の集中的対策，地球環境への負荷低減，幹線道路と沿道地域との一体的整備など良好な環境の保全・形成によるよりよいくらし・環境の実現 4. 災害や積雪に対して信頼性の高い道路網の形成や緊急輸送道路，避難路，共同溝などによるライフラインの確保などにより安心して住める国土の実現	780 000

4 社会資本整備重点計画

計画名	重 点 目 標
第1次 (平15〜19)	暮らし； ・少子・高齢社会に対応したバリアフリー社会の形成等 ・水・緑豊かで美しい都市生活空間等の形成等 ・良好な居住環境の形成 安全； ・水害等の災害に強い国土づくり ・大規模な地震，火災に強い国土づくり等 ・総合的な交通安全対策及び危機管理の強化 環境； ・地球温暖化の防止 ・都市の大気汚染及び騒音等に係る生活環境の改善 ・循環型社会の形成 ・良好な自然環境の保全・再生・創出 ・良好な水環境への改善 活力； ・国際的な水準の交通サービスの確保等及び国際競争力と魅力の向上 ・国内幹線交通のモビリティの向上 ・都市交通の快適性，利便性の向上 ・地域間交流，観光交流等を通じた地域や経済の活性化
第2次 (平20〜24)	活力； ・基幹ネットワークの整備 ・生活幹線道路ネットワークの形成 ・慢性的な渋滞への対策 安全； ・交通安全の向上 ・防災・減災対策 暮らし・環境； ・生活環境の向上 ・道路環境対策 ・地球温暖化対策 既存ストックの効率的活用； ・安全・安心で計画的な道路管理 ・既存高速道路ネットワークの有効活用・機能強化
第3次 (平24〜28)	東日本大震災を踏まえた「津波防災まちづくりの考え方」緊急提言を受け，社会資本整備事業を巡る現状等を踏まえ，社会資本整備重点計画を見直し，三つの視点と九つの政策課題ごとに中長期的な社会資本整備の方向性を示した． ・重点目標1　大規模又は広域的な災害リスクを低減させる ・重点目標2　我が国産業・経済の基盤や国際競争力を強化する ・重点目標3　持続可能で活力ある国土・地域づくりを実現する ・重点目標4　社会資本の適確な維持管理・更新を行う
第4次 (平27〜32)	(1) 加速するインフラ老朽化，(2) 脆弱国土（切迫する巨大地震，激甚化する気象災害），(3) 人口減少に伴う地方の疲弊，(4) 激化する国際競争　などの背景を踏まえ，国土形成計画（平27年8月14日閣議決定）を踏まえ，その実現に向けて社会資本整備を計画的に実施する． 重点目標1　社会資本の戦略的維持管理・更新を行う 重点目標2　災害特性や地域の脆弱性に応じて災害等のリスクを低減する 重点目標3　人口減少・高齢化に対応した持続可能な地域社会を形成する 重点目標4　民間投資を誘発し，経済成長を支える基盤を強化する

5 道路政策の技術研究開発

道路政策の技術研究開発については，平成16年に国土交通省道路局に設置された「新道路技術会議」での検討を経て，産・学・官の連携強化，政策対応型への転換等を図ることとして，以下のように10の「政策領域」が設定されている．

1 「新たな行政システムの創造」に関する技術研究開発

有料制度を含むPFIやPPP等官民の連携方策，社会変化を踏まえた道路に係る諸制度の提案，施策・事業等の評価システム，業績評価と組織マネジメント，社会とのコミュニケーション手法等

2 「経済・生活に活力を生む道路ネットワークを形成し，有効利用を図る」ための技術研究開発

国土・都市形成に必要な幹線道路ネットワークのあり方，料金政策等による既存ネットワークの有効活用，総合的な渋滞対策道路交通の円滑化方策，物流効率化・国際競争力強化に資する道路整備のあり方，新たな政策ニーズに対応した道路計画・設計手法等

3 「新たな情報サービスを創造し，利用者の満足度を向上させる」ための技術研究開発

ITS等新技術の活用手法，物流システム等産業界との連携システム，新規産業創出の支援等

4 「コスト構造を改革し，道路資産の効率的な形成」に関する技術開発

路上工事の外部不経済の予測，CM等競争的で透明性の高い調達システム，工期短縮やコスト縮減・施工合理化に資する新技術の開発，道路構造物の構造設計法の合理化・高度化技術に関する研究，LCC縮減効果に優れた構造・技術に関する研究，合理的な事業マネジメントシステム，品質確保に資する監督・検査のあり方等

5 「美しい景観と快適で質の高い道空間の創出」に関する技術研究開発

地域の伝統・文化等特性を生かした道路空間の形成，無電柱化の合理的整備手法，バリアフリー施策，駐車場・歩行空間等における住民参加型のまちづくり手法，自転車利用の促進等既存空間の使い方の合理化方策，景観作りの評価・効果測定手法等

6 「交通事故等から命を守る」ために必要な技術研究開発

幹線道路における効果的・効率的な交通事故対策，AHS等新技術による安全運転支援等

5　道路政策の技術研究開発

7　「災害時における対応をスピーディかつ的確に支援する」ために必要な技術研究開発

地震・豪雨等自然災害に対する効果的な防災・震災対策技術，災害時の情報収集・伝達や復旧活動の迅速化，道路ネットワークの機能維持や災害危険箇所の管理の高度化，防災事業の効果評価手法や対策優先度の設定手法等

8　「大切な道路資産の科学的な保全」に資する技術研究開発

道路管理サービスの水準と負担のあり方，道路資産を有効に活用するための維持更新などの技術開発，構造物の管理の質の向上に資する非破壊検査手法，道路ネットワークの効率的な監視手法，既設構造物の更新・再生技術，リダンダンシーを考慮した構造物の性能評価技術，効率的かつ経済的な補修・補強手法の開発，道路施設の点検・維持作業の効率化と作業環境改善等

9　「沿道環境を改善し，良好な生活環境を創造する」ために必要な技術研究開発

沿道大気質改善対策，沿道騒音改善対策，環境調和型道路構造の研究，関連する予測手法の研究，環境改善の効果算定手法，都市環境改善を考慮した道路網と規制のあり方等

10　「自然環境，地球環境の保全」に関する技術研究開発

生物の多様性と共存の確保方策，地球温暖化防止に資する持続可能な道路交通のあり方，都市空間・社会全体の環境負荷の低減方策，緑のネットワーク化等

付　録　・　資　料

6　道路構造令

(昭和 45 年 10 月 29 日政令第 320 号)
(最終改正：平成 23 年 12 月 26 日政令第 424 号)

　内閣は，道路法（昭和 27 年法律第 180 号）第 30 条第 1 項及び第 2 項の規定に基づき，この政令を制定する．

（この政令の趣旨）
第 1 条　この政令は，道路を新設し，又は改築する場合における高速自動車国道及び一般国道の構造の一般的技術的基準（都道府県道及び市町村道の構造の一般的技術的基準にあつては，道路法（以下「法」という．）第 30 条第 1 項第 1 号，第 3 号及び第 12 号に掲げる事項に係るものに限る．）並びに道路管理者である地方公共団体の条例で都道府県道及び市町村道の構造の技術的基準（同項第 1 号，第 3 号及び第 12 号に掲げる事項に係るものを除く．）を定めるに当たつて参酌すべき一般的技術的基準を定めるものとする．

（用語の定義）
第 2 条　この政令において，次の各号に掲げる用語の意義は，それぞれ当該各号に定めるところによる．
　一　歩道　専ら歩行者の通行の用に供するために，縁石線又はさくその他これに類する工作物により区画して設けられる道路の部分をいう．
　二　自転車道　専ら自転車の通行の用に供するために，縁石線又はさくその他これに類する工作物により区画して設けられる道路の部分をいう．
　三　自転車歩行者道　専ら自転車及び歩行者の通行の用に供するために，縁石線又はさくその他これに類する工作物により区画して設けられる道路の部分をいう．
　四　車道　専ら車両の通行の用に供することを目的とする道路の部分（自転車道を除く．）をいう．
　五　車線　一縦列の自動車を安全かつ円滑に通行させるために設けられる帯状の車道の部分（副道を除く．）をいう．
　六　付加追越車線　専ら自動車の追越しの用に供するために，車線（登坂車線，屈折車線及び変速車線を除く．）に付加して設けられる車線をいう．
　七　登坂車線　上り勾配の道路において速度の著しく低下する車両を他の車両から分離して通行させることを目的とする車線をいう．
　八　屈折車線　自動車を右折させ，又は左折させることを目的とする車線をいう．
　九　変速車線　自動車を加速させ，又は減速させることを目的とする車線をいう．
　十　中央帯　車線を往復の方向別に分離し，及び側方余裕を確保するために設けられる帯状の道路の部分をいう．
　十一　副道　盛土，切土等の構造上の理由により車両の沿道への出入りが妨げられる区間がある場合に当該出入りを確保するため，当該区間に並行して設けられる帯状の車道の部分をいう．
　十二　路肩　道路の主要構造部を保護し，又は車道の効用を保つために，車道，歩道，自転車道又は自転車歩行者道に接続して設けられる帯状の道路の部分をいう．

十三　側帯　車両の運転者の視線を誘導し，及び側方余裕を確保する機能を分担させるために，車道に接続して設けられる帯状の中央帯又は路肩の部分をいう．

十四　停車帯　主として車両の停車の用に供するために設けられる帯状の車道の部分をいう．

十五　軌道敷　専ら路面電車（道路交通法（昭和35年法律第105号）第2条第1項第13号に規定する路面電車をいう．以下同じ．）の通行の用に供することを目的とする道路の部分をいう．

十六　交通島　車両の安全かつ円滑な通行を確保し，又は横断する歩行者若しくは乗合自動車若しくは路面電車に乗降する者の安全を図るために，交差点，車道の分岐点，乗合自動車の停留所，路面電車の停留場等に設けられる島状の施設をいう．

十七　植樹帯　専ら良好な道路交通環境の整備又は沿道における良好な生活環境の確保を図ることを目的として，樹木を植栽するために縁石線又はさくその他これに類する工作物により区画して設けられる帯状の道路の部分をいう．

十八　路上施設　道路の附属物（共同溝及び電線共同溝を除く．）で歩道，自転車道，自転車歩行者道，中央帯，路肩，自転車専用道路，自転車歩行者専用道路又は歩行者専用道路に設けられるものをいう．

十九　都市部　市街地を形成している地域又は市街地を形成する見込みの多い地域をいう．

二十　地方部　都市部以外の地域をいう．

二十一　計画交通量　道路の設計の基礎とするために，当該道路の存する地域の発展の動向，将来の自動車交通の状況等を勘案して，国土交通省令で定めるところにより，当該道路の新設又は改築に関する計画を策定する者で国土交通省令で定めるものが定める自動車の日交通量をいう．

二十二　設計速度　道路の設計の基礎とする自動車の速度をいう．

二十三　視距　車線（車線を有しない道路にあつては，車道．以下この号において同じ．）の中心線上1.2mの高さから当該車線の中心線上にある高さ10cmの物の頂点を見とおすことができる距離を当該車線の中心線に沿つて測つた長さをいう．

（道路の区分）

第3条　道路は，次の表に定めるところにより，第一種から第四種までに区分するものとする．

道路の存する地域		地方部	都市部
高速自動車国道及び自動車専用道路又はその他の道路の別			
高速自動車国道及び自動車専用道路		第一種	第二種
身も路その他の道路		第三種	第四種

2　第一種の道路は，第一号の表に定めるところにより第一級から第四級までに，第二種の道路は，第二号の表に定めるところにより第一級又は第二級に，第三種の道路は，第三号の表に定めるところにより第一級から第五級までに，第四種の道路は，第四号の表に定めるところにより第一級から第四級までに，それぞれ区分するものとする．ただし，地形の状況その他の特別の理由によりやむを得ない場合においては，該当する級が第一種第四級，第二種第二級，第三種第五級又は第四種第四級である場合を除き，該当する級の一級下の級に区分することができる．

一　第一種の道路

計画交通量（単位　一日につき台）		20000以上	10000以上	
道路の存する地域の地形	30000以上	30000未満	20000未満	10000未満
道路の種類				

高速自動車国道	平地部	第一級	第二級	第三級
	山地部	第二級	第三級	第四級
高速自動車国道以外の道路	平地部	第二級		第三級
	山地部	第三級		第四級

二　第二種の道路

道路の存する地区	大都市の都心部以外の地区	大都市の都心部
道路の種類		
高速自動車国道	第一級	
高速自動車国道以外の道路	第一級	第二級

三　第三種の道路

計画交通量（単位 一日につき台）	20000 以上	4000 以上 20000 未満	1500 以上 4000 未満	500 以上 1500 未満	500 未満
道路の存する地域の地形					
道路の種類					
一般国道　平地部	第一級	第二級	第三級		
山地部	第二級	第三級	第四級		
都道府県道　平地部	第二級		第三級		
山地部	第三級		第四級		
市町村道　平地部	第二級	第三級	第四級		第五級
山地部	第三級	第四級			第五級

四　第四種の道路

計画交通量（単位　一日につき台）	10000 以上	4000 以上 10000 未満	500 以上 4000 未満	500 未満
道路の種類				
一般国道	第一級		第二級	
都道府県道	第一級	第二級	第三級	
市町村道	第一級	第二級	第三級	第四級

3　前二項の規定による区分は，当該道路の交通の状況を考慮して行なうものとする．

4　第一種，第二種，第三種第一級から第四級まで又は第四種第一級から第三級までの道路（第三種第一級から第四級まで又は第四種第一級から第三級までの道路にあつては，高架の道路その他の自動車の沿道への出入りができない構造のものに限る．）は，地形の状況，市街化の状況その他の特別の理由によりやむを得ない場合において，当該道路の近くに小型自動車等（小型自動車その他これに類する小型の自動車をいう．以下同じ．）以外の自動車が迂回することができる道路があるときは，小型自動車等（第三種第一級から第四級まで又は第四種第一級から第三級までの道路にあつては，小型自動車等及び歩行者又は自転車）のみの通行の用に供する道路とすることができる．

5　第一種，第二種，第三種第一級から第四級まで又は第四種第一級から第三級までの道路について，地形の状況，市街化の状況その他の特別の理由によりやむを得ない場合においては，小型自動車等のみの通行の用に供する車線を他の車線と分離して設けることができる．この場合において，第三種第一級から第四級まで又は第四種第一級から第三級までの道路について小型自動車等のみの通行の用に供する車線を設けようとするときは，当該車線に係る道路の部分を高架の道路その他の自動車の沿道への出入

りができない構造とするものとする．

6　道路は，小型道路（第四項に規定する小型自動車等（第三種第一級から第四級まで又は第四種第一級から第三級までの道路にあつては，小型自動車等及び歩行者又は自転車）のみの通行の用に供する道路及び前項に規定する小型自動車等のみの通行の用に供する車線に係る道路の部分をいう．以下同じ．）と普通道路（小型道路以外の道路及び道路の部分をいう．以下同じ．）とに区分するものとする．

（高速自動車国道及び一般国道の構造の一般的技術的基準）
第3条の2　高速自動車国道又は一般国道を新設し，又は改築する場合におけるこれらの道路の構造の一般的技術的基準は，次条から第四十条までに定めるところによる．

（設計車両）
第4条　道路の設計にあたつては，第一種，第二種，第三種第一級又は第四種第一級の普通道路にあつては小型自動車及びセミトレーラ連結車（自動車と前車軸を有しない被牽引車との結合体であつて，被牽引車の一部が自動車にのせられ，かつ，被牽引車及びその積載物の重量の相当部分が自動車によって支えられるものをいう．以下同じ．）が，その他の普通道路にあつては小型自動車及び普通自動車が，小型道路にあつては小型自動車等が安全かつ円滑に通行することができるようにするものとする．

2　道路の設計の基礎とする自動車（以下「設計車両」という．）の種類ごとの諸元は，それぞれ次の表に掲げる値とする．

諸元（単位　m） 設計車両	長さ	幅	高さ	前端オーバハング	軸距	後端オーバハング	最小回転半径
小型自動車	4.7	1.7	2	1.8	2.7	1.2	6
小型自動車等	6	2	2.8	1	3.7	1.3	7
普通自動車	12	2.5	3.8	1.5	6.5	4	12
セミトレーラ連結車	16.5	2.5	3.8	1.3	前軸距4 後軸距9	2.2	12

この表において，次の各号に掲げる用語の意義は，それぞれ当該各号に定めるところによる．
一　前端オーバハング　車体の前面から前輪の車軸の中心までの距離をいう．
二　軸距　前輪の車軸の中心から後輪の車軸の中心までの距離をいう．
三　後端オーバハング　後輪の車軸の中心から車体の後面までの距離をいう．

（車線等）
第5条　車道（副道，停車帯その他国土交通省令で定める部分を除く．）は，車線により構成されるものとする．ただし，第三種第五級の道路にあつては，この限りでない．

2　道路の区分及び地方部に存する道路にあつては地形の状況に応じ，計画交通量が次の表の設計基準交通量（自動車の最大許容交通量をいう．以下同じ．）の欄に掲げる値以下である道路の車線（付加追越車線，登坂車線，屈折車線及び変速車線を除く．次項において同じ．）の数は，二とする．

区分		地形	設計基準交通量（単位　一日につき台）
第一種	第二級	平地部	14000
	第三級	平地部	14000
		山地部	10000

区分		地形	設計基準交通量
第三種	第四級	平地部	13000
		山地部	9000
	第二級	平地部	9000
	第三級	平地部	8000
		山地部	6000
	第四級	平地部	8000
		山地部	6000
第四種	第一級		12000
	第二級		10000
	第三級		9000

交差点の多い第四種の道路については，この表の設計基準交通量に 0.8 を乗じた値を設計基準交通量とする．

3　前項に規定する道路以外の道路（第二種の道路で対向車線を設けないもの及び第三種第五級の道路を除く．）の車線の数は四以上（交通の状況により必要がある場合を除き，二の倍数），第二種の道路で対向車線を設けないものの車線の数は二以上とし，当該道路の区分及び地方部に存する道路にあつては地形の状況に応じ，次の表に掲げる一車線当たりの設計基準交通量に対する当該道路の計画交通量の割合によつて定めるものとする．

区　分		地形	一車線当たりの設計基準交通量（単位　一日につき台）
第一種	第一級	平地部	12000
	第二級	平地部	12000
		山地部	9000
	第三級	平地部	11000
		山地部	8000
	第四級	平地部	11000
		山地部	8000
第二種	第一級		18000
	第二級		17000
第三種	第一級	平地部	11000
	第二級	平地部	9000
		山地部	7000
	第三級	平地部	8000
		山地部	6000
	第四級	山地部	5000
第四種	第一級		12000
	第二級		10000
	第三級		10000

交差点の多い第四種の道路については，この表の一車線当たりの設計基準交通量に 0.6 を乗じた値を一車線当たりの設計基準交通量とする．

4　車線（登坂車線，屈折車線及び変速車線を除く．以下この項において同じ．）の幅員は，道路の区分に応じ，次の表の車線の幅員の欄に掲げる値とするものとする．ただし，第一種第一級若しくは第二級，第三種第二級又は第四種第一級の普通道路にあつては，交通の状況により必要がある場合においては，

同欄に掲げる値に 0.25 m を加えた値，第一種第二級若しくは第三級の小型道路又は第二種第一級の道路にあつては，地形の状況その他の特別の理由によりやむを得ない場合においては，同欄に掲げる値から 0.25 m を減じた値とすることができる．

区分			車線の幅員（単位　m）
第一種	第一級		3.5
	第二級		
	第三級	普通道路	3.5
		小型道路	3.25
	第四級	普通道路	3.25
		小型道路	3
第二種	第一級	普通道路	3.5
		小型道路	3.25
	第二級	普通道路	3.25
		小型道路	3
第三種	第一級	普通道路	3.5
		小型道路	3
	第二級	普通道路	3.25
		小型道路	2.75
	第三級	普通道路	3
		小型道路	2.75
	第四級		2.75
第四種	第一級	普通道路	3.25
		小型道路	2.75
	第二級及び第三級	普通道路	3
		小型道路	2.75

5　第三種第五級の普通道路の車道の幅員は，4 m とするものとする．ただし，当該普通道路の計画交通量が極めて少なく，かつ，地形の状況その他の特別の理由によりやむを得ない場合又は第 31 条の 2 の規定により車道に狭窄部を設ける場合においては，3 m とすることができる．

（車線の分離等）
第 6 条　第一種，第二種又は第三種第一級の道路（対向車線を設けない道路を除く．以下この条において同じ．）の車線は，往復の方向別に分離するものとする．車線の数が四以上であるその他の道路について，安全かつ円滑な交通を確保するため必要がある場合においても，同様とする．
2　前項前段の規定にかかわらず，車線の数（登坂車線，屈折車線及び変速車線の数を除く．以下この条において同じ．）三以下である第一種の道路にあつては，地形の状況その他の特別の理由によりやむを得ない場合においては，その車線を往復の方向別に分離しないことができる．
3　車線を往復の方向別に分離するため必要があるときは，中央帯を設けるものとする．
4　中央帯の幅員は，当該道路の区分に応じ，次の表の中央帯の幅員の欄の上欄に掲げる値以上とするものとする．ただし，長さ 100 m 以上のトンネル，長さ 50 m 以上の橋若しくは高架の道路又は地形の状況その他の特別の理由によりやむを得ない箇所については，同表の中央帯の幅員の欄の下欄に掲げる値ま

で縮小することができる．

区　分		中央帯の幅員（単位　m）	
第一種	第一級	4.5	2
	第二級		
	第三級	3	1.5
	第四級		
第二種	第一級	2.25	1.5
	第二級	1.75	1.25
第三種	第一級	1.75	1
	第二級		
	第三級		
	第四級		
第四種	第一級	1	
	第二級		
	第三級		

5　中央帯には，側帯を設けるものとする．

6　前項の側帯の幅員は，道路の区分に応じ，次の表の中央帯に設ける側帯の幅員の欄の上欄に掲げる値とするものとする．ただし，第四項ただし書の規定により中央帯の幅員を縮小する道路又は箇所については，同表の中央帯に設ける側帯の幅員の欄の下欄に掲げる値まで縮小することができる．

区　分		中央帯に設ける側帯の幅員（単位　m）	
第一種	第一級	0.75	0.25
	第二級		
	第三級	0.5	
	第四級		
第二種		0.5	0.25
第三種	第一級	0.25	
	第二級		
	第三級		
	第四級		
第四種	第一級	0.25	
	第二級		
	第三級		

7　中央帯のうち側帯以外の部分（以下「分離帯」という．）には，さくその他これに類する工作物を設け，又は側帯に接続して縁石線を設けるものとする．

8　分離帯に路上施設を設ける場合においては，当該中央帯の幅員は，第12条の建築限界を勘案して定めるものとする．

9　同方向の車線の数が一である第一種の道路の当該車線の属する車道には，必要に応じ，付加追越車線を設けるものとする．

（副道）

第7条　車線（登坂車線，屈折車線及び変速車線を除く．）の数が四以上である第三種又は第四種の道路に

は，必要に応じ，副道を設けるものとする．
2　副道の幅員は，4mを標準とするものとする．

（路肩）
第8条　道路には，車道に接続して，路肩を設けるものとする．ただし，中央帯又は停車帯を設ける場合においては，この限りでない．
2　車道の左側に設ける路肩の幅員は，道路の区分に応じ，次の表の車道の左側に設ける路肩の幅員の欄の上欄に掲げる値以上とするものとする．ただし，付加追越車線，登坂車線若しくは変速車線を設ける箇所，長さ50m以上の橋若しくは高架の道路又は地形の状況その他の特別の理由によりやむを得ない箇所については，同表の車道の左側に設ける路肩の幅員の欄の下欄に掲げる値まで縮小することができる．

区分			車道の左側に設ける路肩の幅員（単位　m）	
第一種	第一級及び第二級	普通道路	2.5	1.75
		小型道路	1.25	
	第三級及び第四級	普通道路	1.75	1.25
		小型道路	1	
	第二種	普通道路	1.25	
		小型道路	1	
第三種	第一級	普通道路	1.25	0.75
		小型道路	0.75	
	第二級から第四級まで	普通道路	0.75	0.5
		小型道路	1.5	
	第五級		0.5	
第四種			0.5	

3　前項の規定にかかわらず，車線を往復の方向別に分離する第一種の道路であつて同方向の車線の数が一であるものの当該車線の属する車道の左側に設ける路肩の幅員は，道路の区分に応じ，次の表の車道の左側に設ける路肩の幅員の欄の上欄に掲げる値以上とするものとする．ただし，普通道路のうち，長さ100m以上のトンネル，長さ50m以上の橋若しくは高架の道路又は地形の状況その他の特別の理由によりやむを得ない箇所であつて，大型の自動車の交通量が少ないものについては，同表の車道の左側に設ける路肩の幅員の欄の下欄に掲げる値まで縮小することができる．

区分		車道の左側に設ける路肩の幅員（単位　m）	
第二級及び第三級	普通道路	2.5	1.75
	小型道路	1.25	
第四級	普通道路	2.5	2
	小型道路	1.25	

4　車道の右側に設ける路肩の幅員は，道路の区分に応じ，次の表の車道の右側に設ける路肩の幅員の欄に掲げる値以上とするものとする．

区分		車道の右側に設ける路肩の幅員（単位　m）
第一種	第一級及び第二級	普通道路　　1.25
		小型道路　　0.75

第三級及び第四級	普通道路	0.75	
	小型道路	0.5	
第二種	普通道路	0.75	
	小型道路	0.5	
第三種		0.5	
第四種		0.5	

5　普通道路のトンネルの車道に接続する路肩(第三項本文に規定する路肩を除く.)又は小型道路のトンネルの車道の左側に設ける路肩(同項本文に規定する路肩を除く.)の幅員は，第一種第一級又は第二級の道路にあつては1mまで，第一種第三級又は第四級の道路にあつては0.75mまで，第三種(第五級を除く.)の普通道路又は第三種第一級の小型道路にあつては0.5mまで縮小することができる．

6　副道に接続する路肩については，第2項の表第三種の項車道の左側に設ける路肩の幅員の欄の上欄中「1.25」とあり，及び「0.75」とあるのは，「0.5」とし，第二項ただし書の規定は適用しない．

7　歩道，自転車道又は自転車歩行者道を設ける道路にあつては，道路の主要構造部を保護し，又は車道の効用を保つために支障がない場合においては，車道に接続する路肩を設けず，又はその幅員を縮小することができる．

8　第一種又は第二種の道路の車道に接続する路肩には，側帯を設けるものとする．

9　前項の側帯の幅員は，道路の区分に応じ，普通道路にあつては次の表の路肩に設ける側帯の幅員の欄の上欄に掲げる値と，小型道路にあつては0.25mとする．ただし，普通道路のトンネルの車道に接続する路肩に設ける側帯の幅員は，同表の路肩に設ける側帯の幅員の欄の下欄に掲げる値とすることができる．

区　分		路肩に設ける側帯の幅員　(単位　m)	
第一種	第一級	0.75	0.5
	第二級		
	第三級	0.5	0.25
	第四級		
第二種	第一級	0.5	
	第二級		

10　道路の主要構造部を保護するため必要がある場合においては，歩道，自転車道又は自転車歩行者道に接続して，路端寄りに路肩を設けるものとする．

11　車道に接続する路肩に路上施設を設ける場合においては，当該路肩の幅員については，第2項の表の車道の左側に設ける路肩の幅員の欄又は第4項の表の車道の右側に設ける路肩の幅員の欄に掲げる値に当該路上施設を設けるのに必要な値を加えてこれらの規定を適用するものとする．

(停車帯)

第9条　第四種の道路には，自動車の停車により車両の安全かつ円滑な通行が妨げられないようにするため必要がある場合においては，車道の左端寄りに停車帯を設けるものとする．

2　停車帯の幅員は，2.5mとするものとする．ただし，自動車の交通量のうち大型の自動車の交通量の占める割合が低いと認められる場合においては，1.5mまで縮小することができる．

（軌道敷）

第9条の2　軌道敷の幅員は，軌道の単線又は複線の別に応じ，次の表の下欄に掲げる値以上とするものとする．

単線又は複線の別	軌道敷の幅員（単位　m）
単　　線	3
複　　線	6

（自転車道）

第10条　自動車及び自転車の交通量が多い第三種又は第四種の道路には，自転車道を道路の各側に設けるものとする．ただし，地形の状況その他の特別の理由によりやむを得ない場合においては，この限りでない．

2　自転車の交通量が多い第三種若しくは第四種の道路又は自動車及び歩行者の交通量が多い第三種若しくは第四種の道路（前項に規定する道路を除く．）には，安全かつ円滑な交通を確保するため自転車の通行を分離する必要がある場合においては，自転車道を道路の各側に設けるものとする．ただし，地形の状況その他の特別の理由によりやむを得ない場合においては，この限りでない．

3　自転車道の幅員は，2m以上とするものとする．ただし，地形の状況その他の特別の理由によりやむを得ない場合においては，1.5mまで縮小することができる．

4　自転車道に路上施設を設ける場合においては，当該自転車道の幅員は，第12条の建築限界を勘案して定めるものとする．

5　自転車道の幅員は，当該道路の自転車の交通の状況を考慮して定めるものとする．

（自転車歩行者道）

第10条の2　自動車の交通量が多い第三種又は第四種の道路（自転車道を設ける道路を除く．）には，自転車歩行者道を道路の各側に設けるものとする．ただし，地形の状況その他の特別の理由によりやむを得ない場合においては，この限りでない．

2　自転車歩行者道の幅員は，歩行者の交通量が多い道路にあつては4m以上，その他の道路にあつては3m以上とするものとする．

3　横断歩道橋若しくは地下横断歩道（以下「横断歩道橋等」という．）又は路上施設を設ける自転車歩行者道の幅員については，前項に規定する幅員の値に横断歩道橋等を設ける場合にあつては3m，ベンチの上屋を設ける場合にあつては2m，並木を設ける場合にあつては1.5m，ベンチを設ける場合にあつては1m，その他の場合にあつては0.5mを加えて同項の規定を適用するものとする．ただし，第三種第五級の道路にあつては，地形の状況その他の特別の理由によりやむを得ない場合においては，この限りでない．

4　自転車歩行者道の幅員は，当該道路の自転車及び歩行者の交通の状況を考慮して定めるものとする．

（歩道）

第11条　第四種の道路（自転車歩行者道を設ける道路を除く．），歩行者の交通量が多い第三種（第五級を除く．）の道路（自転車歩行者道を設ける道路を除く．）又は自転車道を設ける第三種の道路には，その各側に歩道を設けるものとする．ただし，地形の状況その他の特別の理由によりやむを得ない場合にお

いては，この限りでない．
2　第三種の道路(自転車歩行者道を設ける道路及び前項に規定する道路を除く．)には，安全かつ円滑な交通を確保するため必要がある場合においては，歩道を設けるものとする．ただし，地形の状況その他の特別の理由によりやむを得ない場合においては，この限りでない．
3　歩道の幅員は，歩行者の交通量が多い道路にあつては 3.5m 以上，その他の道路にあつては 2m 以上とするものとする．
4　横断歩道橋等又は路上施設を設ける歩道の幅員については，前項に規定する幅員の値に横断歩道橋等を設ける場合にあつては 3m，ベンチの上屋を設ける場合にあつては 2m，並木を設ける場合にあつては 1.5m，ベンチを設ける場合にあつては 1m，その他の場合にあつては 0.5m を加えて同項の規定を適用するものとする．ただし，第三種第五級の道路にあつては，地形の状況その他の特別の理由によりやむを得ない場合においては，この限りでない．
5　歩道の幅員は，当該道路の歩行者の交通の状況を考慮して定めるものとする．

(歩行者の滞留の用に供する部分)
第 11 条の 2　歩道，自転車歩行者道，自転車歩行者専用道路又は歩行者専用道路には，横断歩道，乗合自動車停車所等に係る歩行者の滞留により歩行者又は自転車の安全かつ円滑な通行が妨げられないようにするため必要がある場合においては，主として歩行者の滞留の用に供する部分を設けるものとする．

(積雪地域に存する道路の中央帯等の幅員)
第 11 条の 3　積雪地域に存する道路の中央帯，路肩，自転車歩行者道及び歩道の幅員は，除雪を勘案して定めるものとする．

(植樹帯)
第 11 条の 4　第四種第一級及び第二級の道路には，植樹帯を設けるものとし，その他の道路には，必要に応じ，植樹帯を設けるものとする．ただし，地形の状況その他の特別の理由によりやむを得ない場合においては，この限りでない．
2　植樹帯の幅員は，1.5m を標準とするものとする．
3　次に掲げる道路の区間に設ける植樹帯の幅員は，当該道路の構造及び交通の状況，沿道の土地利用の状況並びに良好な道路交通環境の整備又は沿道における良好な生活環境の確保のため講じられる他の措置を総合的に勘案して特に必要があると認められる場合には，前項の規定にかかわらず，その事情に応じ，同項の規定により定められるべき値を超える適切な値とするものとする．
　一　都心部又は景勝地を通過する幹線道路の区間
　二　相当数の住居が集合し，又は集合することが確実と見込まれる地域を通過する幹線道路の区間
4　植樹帯の植栽に当たつては，地域の特性等を考慮して，樹種の選定，樹木の配置等を適切に行うものとする．

(建築限界)
第 12 条　建築限界は，車道にあつては第一図，歩道及び自転車道又は自転車歩行者道(以下「自転車道等」という．)にあつては第二図に示すところによるものとする．

第一図

| (一) 車道に接続して路肩を設ける道路の車道（(三)に示す部分を除く.）歩道又は自転車道等を有しないトンネル又は長さ50m以上の橋若しくは高架の道路以外の道路の車道 | 歩道又は自転車道等を有しないトンネル又は長さ50m以上の橋若しくは高架の道路の車道 | (二) 車道に接続して路肩を設けない道路の車道（(三)に示す部分を除く.） | (三) 車道のうち分離帯又は交通島に係る部分 |

図（略）において，H，a，b，c，d及びeは，それぞれ次の値を表すものとする． H 普通道路にあつては4.5m，小型道路にあつては3m．ただし，第三種第五級の普通道路にあつては，地形の状況その他の特別の理由によりやむを得ない場合においては，4m（大型の自動車の交通量が極めて少なく，かつ，当該道路の近くに大型の自動車が迂回することができる道路があるときは，3m）まで縮小することができる．
　a　普通道路にあつては車道に接続する路肩の幅員（路上施設を設ける路肩にあつては路肩の幅員から路上施設を設けるのに必要な値を減じた値とし，当該値が1mを超える場合においては1mとする.），小型道路にあつては0.5m
　b　普通道路にあつてはH（3.5m未満の場合においては，3.8mとする.）から3.8mを減じた値，小型道路にあつては0.2m
　c及びd　分離帯に係るものにあつては，道路の区分に応じ，それぞれ次の表のc欄及びd欄に掲げる値，交通島に係るものにあつては，cは0.25m，dは0.5m

区分			c（単位 m）	d（単位 m）
第一種	第一級	普通道路	0.5	1
		小型道路		0.5
	第二級	普通道路	0.25	1
		小型道路		0.5
	第三級及び第四級	普通道路	0.25	0.75
		小型道路	0.5	
第二種		普通道路	0.25	0.75
		小型道路		0.5
第三種			0.25	0.5
第四種			0.25	0.5

　e　車道に接続する路肩の幅員（路上施設を設ける路肩にあつては，路肩の幅員から路上施設を設けるのに必要な値を減じた値）

第二図（略）

（設計速度）

第13条　道路（副道を除く.）の設計速度は，道路の区分に応じ，次の表の設計速度の欄の上欄に掲げる値とする．ただし，地形の状況その他の特別の理由によりやむを得ない場合においては，高速自動車国道である第一種第四級の道路を除き，同表の設計速度の欄の下欄に掲げる値とすることができる．

区分		設計速度（単位　一時間につき km）	
第一種	第一級	120	100
	第二級	100	80
	第三級	80	60
	第四級	60	50

第二種	第一級	80	60
	第二級	60	50 又は 40
第三種	第一級	80	60
	第二級	60	50 又は 40
	第三級	60, 50 又は 40	30
	第四級	50, 40 又は 30	20
	第五級	40, 30 又は 20	
第四種	第一級	60	50 又は 40
	第二級	60, 50 又は 40	30
	第三級	50, 40 又は 30	20

2　副道の設計速度は，一時間につき，40km，30km 又は 20km とする．

（車道の屈曲部）
第 14 条　車道の屈曲部は，曲線形とするものとする．ただし，緩和区間（車両の走行を円滑ならしめるために車道の屈曲部に設けられる一定の区間をいう．以下同じ．）又は第 31 条の 2 の規定により設けられる屈曲部については，この限りでない．

（曲線半径）
第 15 条　車道の屈曲部のうち緩和区間を除いた部分（以下「車道の曲線部」という．）の中心線の曲線半径（以下「曲線半径」という．）は，当該道路の設計速度に応じ，次の表の曲線半径の欄の上欄に掲げる値以上とするものとする．ただし，地形の状況その他の特別の理由によりやむを得ない箇所については，同表の曲線半径の欄の下欄に掲げる値まで縮小することができる．

設計速度（単位　一時間につき km）	曲線半径（単位　m）	
120	740	570
100	460	380
80	280	230
60	150	120
50	100	80
40	60	50
30	30	
20	15	

（曲線部の片勾配）
第 16 条　車道，中央帯（分離帯を除く．）及び車道に接続する路肩の曲線部には，曲線半径がきわめて大きい場合を除き，当該道路の区分及び当該道路の存する地域の積雪寒冷の度に応じ，かつ，当該道路の設計速度，曲線半径，地形の状況等を勘案し，次の表の最大片勾配の欄に掲げる値（第三種の道路で自転車道等を設けないものにあつては，6%）以下で適切な値の片勾配を附するものとする．ただし，第四種の道路にあつては，地形の状況その他の特別の理由によりやむを得ない場合において，片勾配を附さないことができる．

区　　分	道路の存する地域		最大片勾配（単位　％）
第一種，第二種及び第三種	積雪寒冷地域	積雪寒冷の度がはなはだしい地域	6
		その他の地域	8
	その他の地域		10
第四種			6

（曲線部の車線等の拡幅）

第17条　車道の曲線部においては，設計車両及び当該曲線部の曲線半径に応じ，車線（車線を有しない道路にあつては，車道）を適切に拡幅するものとする．ただし，第二種及び第四種の道路にあつては，地形の状況その他の特別の理由によりやむを得ない場合においては，この限りでない．

（緩和区間）

第18条　車道の屈曲部には，緩和区間を設けるものとする．ただし，第四種の道路の車道の屈曲部にあつては，地形の状況その他の特別の理由によりやむを得ない場合においては，この限りでない．

2　車道の曲線部において片勾配を附し，又は拡幅をする場合においては，緩和区間においてすりつけをするものとする．

3　緩和区間の長さは，当該道路の設計速度に応じ，次の表の下欄に掲げる値（前項の規定によるすりつけに必要な長さが同欄に掲げる値をこえる場合においては，当該すりつけに必要な長さ）以上とするものとする．

設計速度（単位　一時間につき km）	緩和区間の長さ（単位　m）
120	100
100	85
80	70
60	50
50	40
40	35
30	25
20	20

（視距等）

第19条　視距は，当該道路の設計速度に応じ，次の表の下欄に掲げる値以上とするものとする．

設計速度（単位　一時間につき km）	視距（単位　m）
120	210
100	160
80	110
60	75
50	55
40	40
30	30
20	20

2 車線の数が二である道路（対向車線を設けない道路を除く．）においては，必要に応じ，自動車が追越しを行なうのに十分な見とおしの確保された区間を設けるものとする．

(縦断勾配)
第20条 車道の縦断勾配は，道路の区分及び道路の設計速度に応じ，次の表の縦断勾配の欄の上欄に掲げる値以下とするものとする．ただし，地形の状況その他の特別の理由によりやむを得ない場合においては，同表の縦断勾配の欄の下欄に掲げる値以下とすることができる．

区　　分		設計速度 (単位　一時間につき km)	縦断勾配 (単位　％)	
第一種，第二種及び第三種	普通道路	120	2	5
		100	3	6
		80	4	7
		60	5	8
		50	6	9
		40	7	10
		30	8	11
		20	9	12
	小型道路	120	4	5
		100		6
		80		7
		60		8
		50		9
		40		10
		30		11
		30		12
第四種	普通道路	60	5	7
		50	6	8
		40	7	9
		30	8	10
		20	9	11
	小型道路	60		8
		50		9
		40		10
		30		11
		20		12

(登坂車線)
第21条 普通道路の縦断勾配が5%(高速自動車国道及び高速自動車国道以外の普通道路で設計速度が一時間につき100km以上であるものにあつては，3%)を超える車道には，必要に応じ，登坂車線を設けるものとする．
2 登坂車線の幅員は，3m とするものとする．

(縦断曲線)

第 22 条 車道の縦断勾配が変移する箇所には，縦断曲線を設けるものとする．

2　縦断曲線の半径は，当該道路の設計速度及び当該縦断曲線の曲線形に応じ，次の表の縦断曲線の半径の欄に掲げる値以上とするものとする．ただし，設計速度が一時間につき 60 km である第四種第一級の道路にあつては，地形の状況その他の特別の理由によりやむを得ない場合においては，凸形縦断曲線の半径を 1000 m まで縮小することができる．

設計速度（単位　一時間につき km）	縦断曲線の曲線形	縦断曲線の半径（単位　m）
120	凸形曲線	11000
120	凹形曲線	4000
100	凸形曲線	6500
100	凹形曲線	3000
80	凸形曲線	3000
80	凹形曲線	2000
60	凸形曲線	1400
60	凹形曲線	1000
50	凸形曲線	800
50	凹形曲線	700
40	凸形曲線	450
40	凹形曲線	450
30	凸形曲線	250
30	凹形曲線	250
20	凸形曲線	100
20	凹形曲線	100

3　縦断曲線の長さは，当該道路の設計速度に応じ，次の表の下欄に掲げる値以上とするものとする．

設計速度（単位　一時間につき km）	縦断曲線の長さ（単位　m）
120	100
100	85
80	70
70	50
50	40
40	35
30	25
20	20

(舗装)

第 23 条 車道，中央帯(分離帯を除く．)，車道に接続する路肩，自転車道等及び歩道は，舗装するものとする．ただし，交通量がきわめて少ない等特別の理由がある場合においては，この限りでない．

2　車道及び側帯の舗装は，その設計に用いる自動車の輪荷重の基準を 49 kN とし，計画交通量，自動車の重量，路床の状態，気象状況等を勘案して，自動車の安全かつ円滑な交通を確保することができるものとして国土交通省令で定める基準に適合する構造とするものとする．ただし，自動車の交通量が少な

い場合その他の特別の理由がある場合においては，この限りでない．

3　第四種の道路（トンネルを除く．）の舗装は，当該道路の存する地域，沿道の土地利用及び自動車の交通の状況を勘案して必要がある場合においては，雨水を道路の路面下に円滑に浸透させ，かつ，道路交通騒音の発生を減少させることができる構造とするものとする．ただし，道路の構造，気象状況その他の特別の理由によりやむを得ない場合においては，この限りでない．

（横断勾配）
第24条　車道，中央帯（分離帯を除く．）及び車道に接続する路肩には，片勾配を付する場合を除き，路面の種類に応じ，次の表の下欄に掲げる値を標準として横断勾配を付するものとする．

路面の種類	横断勾配（単位　%）
前条第2項に規定する基準に適合する舗装道	1.5以上2以下
その他	3以上5以下

2　歩道又は自転車道等には，2%を標準として横断勾配を附するものとする．

3　前条第3項本文に規定する構造の舗装道にあつては，気象状況等を勘案して路面の排水に支障がない場合においては，横断勾配を付さず，又は縮小することができる．

（合成勾配）
第25条　合成勾配（縦断勾配と片勾配又は横断勾配とを合成した勾配をいう．以下同じ．）は，当該道路の設計速度に応じ，次の表の下欄に掲げる値以下とするものとする．ただし，設計速度が一時間につき30km又は20kmの道路にあつては，地形の状況その他の特別の理由によりやむを得ない場合においては，12.5%以下とすることができる．

設計速度（単位　一時間につき km）	合成勾配（単位　%）
120	10
100	
80	10.5
60	
50	11.5
40	
30	
20	

2　積雪寒冷の度がはなはだしい地域に存する道路にあつては，合成勾配は，8%以下とするものとする．

（排水施設）
第26条　道路には，排水のため必要がある場合においては，側溝，街渠，集水ますその他の適当な排水施設を設けるものとする．

（平面交差又は接続）
第27条　道路は，駅前広場等特別の箇所を除き，同一箇所において同一平面で五以上交会させてはならない．

2　道路が同一平面で交差し，又は接続する場合においては，必要に応じ，屈折車線，変速車線若しくは

交通島を設け，又は隅角部を切り取り，かつ，適当な見とおしができる構造とするものとする．
3 　屈折車線又は変速車線を設ける場合においては，当該部分の車線（屈折車線及び変速車線を除く．）の幅員は，第四種第一級の普通道路にあつては 3 m まで，第四種第二級又は第三級の普通道路にあつては 2.75 m まで，第四種の小型道路にあつては 2.5 m まで縮小することができる．
4 　屈折車線及び変速車線の幅員は，普通道路にあつては 3 m，小型道路にあつては 2.5 m を標準とするものとする．
5 　屈折車線又は変速車線を設ける場合においては，当該道路の設計速度に応じ，適切にすりつけをするものとする．

（立体交差）
第 28 条　車線（登坂車線，屈折車線及び変速車線を除く．）の数が四以上である普通道路が相互に交差する場合においては，当該交差の方式は，立体交差とするものとする．ただし，交通の状況により不適当なとき又は地形の状況その他の特別の理由によりやむを得ないときは，この限りでない．
2 　車線（屈折車線及び変速車線を除く．）の数が四以上である小型道路が相互に交差する場合及び普通道路と小型道路が交差する場合においては，当該交差の方式は，立体交差とするものとする．
3 　道路を立体交差とする場合においては，必要に応じ，交差する道路を相互に連結する道路（以下「連結路」という．）を設けるものとする．
4 　連結路については，第 5 条から第 8 条まで，第 12 条，第 13 条，第 15 条，第 16 条，第 18 条から第 20 条まで，第 22 条及び第 25 条の規定は，適用しない．

（鉄道等との平面交差）
第 29 条　道路が鉄道又は軌道法（大正 10 年法律第 76 号）による新設軌道（以下「鉄道等」という．）と同一平面で交差する場合においては，その交差する道路は次に定める構造とするものとする．
　一　交差角は，45°以上とすること．
　二　踏切道の両側からそれぞれ 30 m までの区間は，踏切道を含めて直線とし，その区間の車道の縦断勾配は，2.5％以下とすること．ただし，自動車の交通量がきわめて少ない箇所又は地形の状況その他の特別の理由によりやむを得ない箇所については，この限りでない．
　三　見とおし区間の長さ（線路の最縁端軌道の中心線と車道の中心線との交点から，軌道の外方車道の中心線上 5 m の地点における 1.2 m の高さにおいて見とおすことができる軌道の中心線上当該交点からの長さをいう．）は，踏切道における鉄道等の車両の最高速度に応じ，次の表の下欄に掲げる値以上とすること．ただし，踏切遮断機その他の保安設備が設置される箇所又は自動車の交通量及び鉄道等の運転回数がきわめて少ない箇所については，この限りでない．

踏切道における鉄道等の車両の最高速度 （単位　一時間につき km）	見とおし区間の長さ（単位　m）
50 未満	110
50 以上 70 未満	170
70 以上 80 未満	200
80 以上 90 未満	230
90 以上 100 未満	260
100 以上 110 未満	300
110 以上	350

（待避所）
第 30 条 第三種第五級の道路には，次に定めるところにより，待避所を設けるものとする．ただし，交通に及ぼす支障が少ない道路については，この限りでない．
一　待避所相互間の距離は，300m 以内とすること．
二　待避所相互間の道路の大部分が待避所から見とおすことができること．
三　待避所の長さは，20m 以上とし，その区間の車道の幅員は，5m 以上とすること．

（交通安全施設）
第 31 条 交通事故の防止を図るため必要がある場合においては，横断歩道橋等，さく，照明施設，視線誘導標，緊急連絡施設その他これらに類する施設で国土交通省令で定めるものを設けるものとする．

（凸部，狭窄部等）
第 31 条の 2 主として近隣に居住する者の利用に供する第三種第五級の道路には，自動車を減速させて歩行者又は自転車の安全な通行を確保する必要がある場合においては，車道及びこれに接続する路肩の路面に凸部を設置し，又は車道に狭窄部若しくは屈曲部を設けるものとする．

（乗合自動車の停留所等に設ける交通島）
第 31 条の 3 自転車道，自転車歩行者道又は歩道に接続しない乗合自動車の停留所又は路面電車の停車場には，必要に応じ，交通島を設けるものとする．

（自動車駐車場等）
第 32 条 安全かつ円滑な交通を確保し，又は公衆の利便に資するため必要がある場合においては，自動車駐車場，自転車駐車場，乗合自動車停車所，非常駐車帯その他これらに類する施設で国土交通省令で定めるものを設けるものとする．

（防雪施設その他の防護施設）
第 33 条 なだれ，飛雪又は積雪により交通に支障を及ぼすおそれがある箇所には，雪覆工，流雪溝，融雪施設その他これらに類する施設で国土交通省令で定めるものを設けるものとする．
2　前項に規定する場合を除くほか，落石，崩壊，波浪等により交通に支障を及ぼし，又は道路の構造に損傷を与えるおそれがある箇所には，さく，擁壁その他の適当な防護施設を設けるものとする．

（トンネル）
第 34 条 トンネルには，安全かつ円滑な交通を確保するため必要がある場合においては，当該道路の計画交通量及びトンネルの長さに応じ，適当な換気施設を設けるものとする．
2　トンネルには，安全かつ円滑な交通を確保するため必要がある場合においては，当該道路の設計速度等を勘案して，適当な照明施設を設けるものとする．
3　トンネルにおける車両の火災その他の事故により交通に危険を及ぼすおそれがある場合においては，必要に応じ，通報施設，警報施設，消火施設その他の非常用施設を設けるものとする．

（橋，高架の道路等）
第 35 条 橋，高架の道路その他これらに類する構造の道路は，鋼構造，コンクリート構造又はこれらに準

ずる構造とするものとする．
2 橋，高架の道路その他これらに類する構造の普通道路は，その設計に用いる設計自動車荷重を245kNとし，当該橋，高架の道路その他これらに類する構造の普通道路における大型の自動車の交通の状況を勘案して，安全な交通を確保することができる構造とするものとする．
3 橋，高架の道路その他これらに類する構造の小型道路は，その設計に用いる設計自動車荷重を30kNとし，当該橋，高架の道路その他これらに類する構造の小型道路における小型自動車等の交通の状況を勘案して，安全な交通を確保することができる構造とするものとする．
4 前3項に規定するもののほか，橋，高架の道路その他これらに類する構造の道路の構造の基準に関し必要な事項は，国土交通省令で定める．

（附帯工事等の特例）
第36条 道路に関する工事により必要を生じた他の道路に関する工事を施行し，又は道路に関する工事以外の工事により必要を生じた道路に関する工事を施行する場合において，第4条から前条までの規定（第8条，第13条，第14条，第24条，第26条，第31条及び第33条を除く．）による基準をそのまま適用することが適当でないと認められるときは，これらの規定による基準によらないことができる．

（区分が変更される道路の特例）
第37条 一般国道の区域を変更し，当該変更に係る部分を都道府県道又は市町村道とする計画がある場合において，当該部分を当該他の道路とすることにより第3条第2項の規定による区分が変更されることとなるときは，同条第4項及び第5項，第4条，第5条，第6条第1項，第4項及び第6項，第8条第2項から第6項まで，第9項及び第11項，第9条第1項，第10条の2第3項，第11条第1項，第2項及び第4項，第11条の4第1項，第12条，第13条第1項，第16条，第17条，第18条第1項，第20条，第22条第2項，第23条第3項，第27条第3項，第30条並びに第31条の2の規定の適用については，当該変更後の区分を当該部分の区分とみなす．この場合において，第5条第1項ただし書及び第5項，第10条の2第3項ただし書，第11条第4項ただし書並びに第12条中「第三種第五級」とあるのは「第三種第五級又は第四種第四級」と，第五条第三項中「及び第三種第五級」とあるのは「並びに第三種第五級及び第四種第四級」と，第9条第1項及び第11条第1項中「第四種」とあるのは「第四種（第四級を除く．）」と，同項中「第三種の」とあるのは「第三種若しくは第四種第四級の」と，同条第2項中「第三種」とあるのは「第三種又は第四種第四級」と，第13条第1項中「上欄に掲げる値」とあるのは「上欄に掲げる値（当該道路が第四種第四級の道路である場合にあつては，一時間につき40km，30km又は20km）」と，第31条の2中「主として」とあるのは「第四種第四級の道路又は主として」と読み替えるものとする．

（小区間改築の場合の特例）
第38条 道路の交通に著しい支障がある小区間について応急措置として改築を行う場合（次項に規定する改築を行う場合を除く．）において，これに隣接する他の区間の道路の構造が，第5条，第6条第4項から第6項まで，第7条，第9条，第9条の2，第10条第3項，第10条の2第2項及び第3項，第11条第3項及び第4項，第11条の4第2項及び第3項，第15条から第22条まで，第23条第3項並びに第25条の規定による基準に適合していないためこれらの規定による基準をそのまま適用することが適当でないと認められるときは，これらの規定による基準によらないことができる．

2　道路の交通の安全の保持に著しい支障がある小区間について応急措置として改築を行う場合において，当該道路の状況等からみて第5条，第6条第4項から第6項まで，第7条，第8条第2項，第9条，第9条の2，第10条第3項，第10条の2第2項及び第3項，第11条第3項及び第4項，第11条の4第2項及び第3項，第19条第1項，第21条第2項，第23条第3項，次条第1項及び第2項並びに第40条第1項の規定による基準をそのまま適用することが適当でないと認められるときは，これらの規定による基準によらないことができる．

（自転車専用道路及び自転車歩行者専用道路）
第39条　自転車専用道路の幅員は3m以上とし，自転車歩行者専用道路の幅員は4m以上とするものとする．ただし，自転車専用道路にあつては，地形の状況その他の特別の理由によりやむを得ない場合においては，2.5mまで縮小することができる．
2　自転車専用道路又は自転車歩行者専用道路には，その各側に，当該道路の部分として，幅員0.5m以上の側方余裕を確保するための部分を設けるものとする．
3　自転車専用道路又は自転車歩行者専用道路に路上施設を設ける場合においては，当該自転車専用道路又は自転車歩行者専用道路の幅員は，次項の建築限界を勘案して定めるものとする．
4　自転車専用道路及び自転車歩行者専用道路の建築限界は，次の図に示すところによるものとする．

5　自転車専用道路及び自転車歩行者専用道路の線形，勾配その他の構造は，自転車及び歩行者が安全かつ円滑に通行することができるものでなければならない．
6　自転車専用道路及び自転車歩行者専用道路については，第3条から第37条まで及び前条第1項の規定（自転車歩行者専用道路にあつては，第11条の2を除く．）は，適用しない．

（歩行者専用道路）
第40条　歩行者専用道路の幅員は，当該道路の存する地域及び歩行者の交通の状況を勘案して，2m以上

とするものとする．
2　歩行者専用道路に路上施設を設ける場合においては，当該歩行者専用道路の幅員は，次項の建築限界を勘案して定めるものとする．
3　歩行者専用道路の建築限界は，次の図に示すところによるものとする．

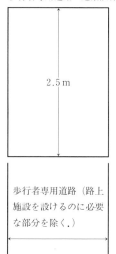

4　歩行者専用道路の線形，勾配その他の構造は，歩行者が安全かつ円滑に通行することができるものでなければならない．
5　歩行者専用道路については，第3条から第11条まで，第11条の3から第37条まで及び第38条第1項の規定は，適用しない．

(都道府県道及び市町村道の構造の一般的技術的基準等)
第41条　都道府県道又は市町村道を新設し，又は改築する場合におけるこれらの道路の構造の一般的技術的基準については，第4条，第12条，第35条第2項，第3項及び第4項（法第30条第1項第12号に掲げる事項に係る部分に限る．），第39条第4項並びに前条第3項の規定を準用する．この場合において，第12条中「第三種第五級」とあるのは，「第三種第五級又は第四種第四級」と読み替えるものとする．
2　法第30条第3項の政令で定める基準については，第5条から第11条の4まで，第13条から第34条まで，第35条第1項及び第4項（法第30条第1項第12号に掲げる事項に係る部分を除く．），第36条から第38条まで，第39条第1項から第3項まで，第5項及び第6項並びに前条第1項，第2項，第4項及び第5項の規定を準用する．この場合において，第5条第1項ただし書及び第5項，第10条の2第3項ただし書並びに第11条第4項ただし書中「第三種第五級」とあるのは「第三種第五級又は第四種第四級」と，第5条第3項中「及び第三種第五級」とあるのは「並びに第三種第五級及び第四種第四級」と，第九条第一項及び第11条第1項中「第四種」とあるのは「第四種（第四級を除く．）」と，同項中「第三種の」とあるのは「第三種若しくは第四種第四級の」と，同条第2項中「第三種」とあるのは「第三種又は第四種第四級」と，第13条第1項中「上欄に掲げる値」とあるのは「上欄に掲げる値（当該道路が

第四種第四級の道路である場合にあつては，一時間につき40km，30km又は20km）」と，第31条の2中「主として」とあるのは「第四種第四級の道路又は主として」と，第37条中「一般国道」とあるのは「都道府県道」と，「都道府県道又は市町村道」とあり，及び「他の道路」とあるのは「市町村道」と，「当該部分」とあるのは「当該都道府県道」と読み替えるものとする．

附　則　抄

（施行期日）

1　この政令は，昭和46年4月1日から施行する．
　　（道路構造令の廃止）
2　道路構造令（昭和33年政令第244号）は，廃止する．

附　則（昭和46年3月31日政令第90号）抄

（施行期日）

1　この政令は，昭和46年4月1日から施行する．

附　則（昭和46年7月22日政令第252号）抄

（施行期日等）

1　この政令は，道路法等の一部を改正する法律（昭和46年法律第46号）の施行の日（昭和46年12月1日）から施行する．

附　則（昭和51年3月31日政令第61号）抄

（施行期日）

1　この政令は，昭和51年4月1日から施行する．

附　則（昭和57年9月25日政令第256号）抄

（施行期日）

1　この政令は，昭和57年10月1日から施行する．

（経過措置）

2　この政令の施行の際現に新設又は改築の工事中の道路については，改正後の規定に適合しない部分がある場合においては，当該部分に対しては，当該規定は，適用しない．この場合において，当該規定に相当する改正前の規定があるときは，当該部分に関しては，なお従前の例による．

附　則（昭和61年3月31日政令第64号）抄

（施行期日）

1　この政令は，昭和61年4月1日から施行する．

附　則（平成 5 年 11 月 25 日政令第 375 号）抄

（施行期日）
1　この政令は，公布の日から施行する．

（道路構造令の一部改正に伴う経過措置）
2　この政令の施行の際現に新設又は改築の工事中の道路については，第 1 条の規定による改正後の道路構造令の規定に適合しない部分がある場合においては，当該部分に対しては，当該規定は，適用しない．この場合において，当該規定に相当する同条の規定による改正前の道路構造令の規定があるときは，当該部分に関しては，なお従前の例による．

（罰則に関する経過措置）
3　この政令の施行前にした行為に対する罰則の適用については，なお従前の例による．

附　則（平成 12 年 6 月 7 日政令第 312 号）抄

（施行期日）
1　この政令は，内閣法の一部を改正する法律（平成 11 年法律第 88 号）の施行の日（平成 13 年 1 月 6 日）から施行する．

附　則（平成 13 年 4 月 25 日政令第 170 号）抄

（施行期日）
第 1 条　この政令は，平成 13 年 7 月 1 日から施行する．

（経過措置）
第 2 条　この政令の施行の際現に新設又は改築の工事中の道路については，改正後の規定に適合しない部分がある場合においては，当該部分に対しては，当該規定は適用しない．この場合において，当該規定に相当する改正前の規定があるときは，当該部分に関しては，なお従前の例による．

附　則（平成 15 年 7 月 24 日政令第 321 号）抄

（施行期日）
第 1 条　この政令は，公布の日から施行する．

附　則（平成 23 年 12 月 26 日政令第 424 号）抄

（施行期日）
第 1 条　この政令は，平成 24 年 4 月 1 日から施行する．

7 その他

道路に関する技術基準類の主なもの

道路の幾何構造および交通安全施設
- 道路構造令
- 道路構造令の解説と運用
- 道路の交通容量
- 平面交差の計画と設計―基礎編,応用編―
- 道路の標準幅員に関する基準(案)
- 歩道の一般的構造に関する基準
- 視覚障害者誘導ブロック設置指針
- 自転車道等の設計基準
- 防護柵の設置基準
- 立体横断施設技術基準
- 道路照明施設設置基準
- 道路標識設置基準
- 道路反射鏡設置指針
- 視線誘導標設置基準

舗 装
- 舗装の構造に関する技術基準・同解説
- 舗装設計施工指針
- 舗装施工便覧
- アスファルト舗装工事共通仕様書改訂版
- 道路維持修繕要綱
- 転圧コンクリート舗装技術指針(案)
- 舗装設計便覧
- 舗装再生便覧
- アスファルト混合所便覧
- 舗装調査・試験法便覧
- 舗装性能評価法―必須および主要な性能指標編―
- 舗装性能評価法別冊―必要に応じ定める指標の評価法編―
- 舗装の維持修繕ガイドブック2013
- 舗装の環境負荷低減に関する算定ガイドブック

土 工
- 道路土工要綱
- 道路土工 切土工・斜面安定工指針
- 〃   カルバート工指針
- 〃   盛土工指針
- 〃   擁壁工指針

道路土木
- 道路土木 仮設構造物工指針
- 〃   軟弱地盤対策工指針
- 〃   排水工指針
- 落石対策便覧
- 共同溝設計指針
- 道路防雪便覧

橋 梁
- コンクリート道路橋設計便覧
- 鋼道路橋設計便覧
- 道路橋示方書Ⅰ共通編
- 〃   Ⅱ鋼橋編
- 〃   Ⅲコンクリート橋編
- 〃   Ⅳ下部構造編
- 〃   Ⅴ耐震設計編
- 鋼管矢板基盤設計施工便覧
- 小規模吊橋指針
- 道路橋の塩害対策指針(案)
- 道路橋補修便覧
- 鋼道路橋塗装・防食便覧
- 鋼道路橋施工便覧
- コンクリート道路橋施工便覧
- 道路橋支承便覧
- 道路橋伸縮装置便覧
- 道路橋床版防水便覧
- 鋼道路橋の疲労設計指針

トンネル
- 道路トンネル技術基準(構造編)
- 〃   (換気編)
- 道路トンネル非常用施設設置基準
- 道路トンネル維持管理便覧

環 境
- 建設省所管事業に係る環境影響評価
- 道路環境整備マニュアル
- 道路緑化技術基準

道路防災
- 道路防雪便覧
- 道路震災対策便覧(震前対策,震災復旧編)
- 落石対策便覧

演習問題略解・ヒント

第 1 章

1. 表 1·2 参照
2. 表 1·3 参照
3. 1·3 節 3 項参照

第 2 章

1. 2·3 節 1 項 (a) 参照
2. 表 2·1 参照

第 3 章

1. 3·1 節 1 項 (d) 参照
2. 3·1 節 2 項 (b) 参照
3. 3·1 節 3 項 (4) 参照
4. 3·1 節第 2 項・第 3 項参照

第 4 章

1. 4·1 節および表 4·1, 表 4·2 参照
2. 4·2 節および図 4·2 参照
3. 4·3 節 2, 3 項および図 4·14, 図 4·15 参照
4. 4·3 節 3 項参照
5. 4·3 および 4·4 節参照

第 5 章

[1] 5・2 節第 1 項参照
[2] $T_A=32$, 表層＋基層＝15cm, 粒度調整砕石＝25cm, クラッシャーラン＝35cm
[3] コンクリート版 $t=30$cm, 中間層 $t=4$cm, 粒度調整砕石 $t=25$cm（55－20－10）, クラッシャーラン＝20cm

第 6 章

[1] 6・3 節第 2 項・第 3 項参照
[2] ① 骨材：粗骨材，細骨材，フィラー，② 瀝青材料：石油アスファルト，天然アスファルト（6・3 節第 2 項（b）参照）
[3] 6・3 節 2 項（b）参照
[4] 6・3 節 3 項（a）参照

第 7 章

[1] 基礎地盤，水流に急変を与えない箇所，工事の便利性・経済性
[2] 7・1，7・2，7・3 節参照

第 8 章

[1] 8・1 節 1 項参照
[2] 8・1 節 2 項参照
[3] 8・2 節参照

第 9 章

[1] 9・2 節 1 項参照
[2] PSI＝2.3
[3] 9・2 節 2 項および 9・3 節 1 項参照
[4] 9・3 節 2, 3 項参照

索　引

ア　行

アクセス機能 ……………………………7
アスファルト混合物 ……………………161
アスファルト混合物の配合設計 ………167
アスファルト舗装 ………………………161
　　──の構造設計 ……………………130
　　──の破損 …………………………197
アンダーシーリング工法 ………………213
案内標識 …………………………………188

一般国道 ……………………………………26
一般財源 ……………………………………31
一般道路 ……………………………………26
命の道 ………………………………………13

エロージョン ……………………………202

オーバーレイ ………………………213, 214
オーバーレイ工法 ………………………214

カ　行

カルバート ………………………………182
環境改善効果 ……………………………109
環境対策 ……………………………………39

技術基準 ……………………………………51
規制標識 …………………………………188
休憩施設 …………………………………190
共同溝 ……………………………………191

橋面舗装 …………………………………183
供用性 ……………………………………196
供用性指数 ………………………………202
局部照明 …………………………………187

空間機能 ……………………………………7
空気量 ……………………………………174
グースアスファルト舗装 ………………163
空洞探査車 ………………………………195
区画線 ……………………………………188
くしの歯作戦 ………………………………12

警戒標識 …………………………………188

降雨強度 …………………………………178
高規格幹線道路 …………………………27
高速自動車国道 ……………………26, 28
交通アセスメント …………………………9
交通安全施設 ……………………………186
交通管理施設 ……………………………187
交通機能 ……………………………………7
交通事故の減少 ……………………………16
交通信号機 ………………………………187
交通流 ………………………………………57
高度道路交通システム ……………………46
勾配抵抗 ……………………………………55
国土のグランドデザイン 2050 …………34
骨材配合比 ………………………………167
ころがり抵抗 ………………………………55
コンクリート版厚の設計 ………………138
コンクリート版の設計公式 ……………139
コンクリート舗装の破損 ………………201

混合物の製造 …………………………169
コンポジット舗装 ……………………163

サ 行

サービス指数 …………………………121
細骨材 …………………………………165
最適アスファルト量 …………………167
座屈 ……………………………………202
サンドイッチ工法 ……………………163

シーリング ……………………………213
敷ならし ………………………………170
事業評価………………………………23
指示標識 ………………………………188
視線誘導標 ……………………………187
市町村道………………………………26
自動ブレーキ機能……………………54
自動料金収受システム（ETC）……46
締固め …………………………………170
締固め度 ………………………………171
遮断排水溝 ……………………………181
砂利層 …………………………………156
渋滞対策………………………………39
衝突被害軽減ブレーキシステム………54
情報ハイウェイ ………………………45
浸透水量 ………………………115, 117
振動低減効果 …………………………110
針入度 …………………………………166
針入度指数 ……………………………166

ストック効果…………………………14
ストレートアスファルト ……………166
スマートウェイ ………………………48
スラリーシール工法 …………………212

石油アスファルト ……………………165
設計CBR ……………………………132
セメントコンクリート ………………136
セメントコンクリート舗装 …………171
セメントコンクリート舗装の構造設計
　……………………………………136

騒音低減効果 …………………………110
走行経費の節減………………………14
走行時間の短縮………………………15
走行抵抗………………………………55
粗骨材 …………………………………165
塑性変形輪数 ……………………114, 116

タ 行

待避所 …………………………………189
タックコート …………………………169
たまり機能……………………………9
単位水量 ………………………………173
単位セメント量 ………………………173
単位粗骨材容積 ………………………173

地域高規格道路………………………28
地下排水 ………………………………181
着色舗装 ………………………………163
駐車場 …………………………………189

鉄筋コンクリート舗装 ………………172
テルフォード …………………………105
転圧コンクリート舗装 ………………172
天然アスファルト ……………………165

投資効果………………………………14
等値換算係数 …………………………133

索引

道路啓開……………………………………12
道路構造令…………………………………70
道路交通情報システム……………………43
道路事業の評価……………………………21
道路情報表示装置………………………187
道路照明…………………………………186
道路整備五箇年計画………………………32
道路と整備効果……………………………14
道路
　——の維持管理………………………194
　——の機能………………………………7
道路標示…………………………………188
道路標識…………………………………188
道路用地外の排水………………………182
特定財源……………………………………31
都道府県道…………………………………26
トラフィック機能…………………………8
トリニダッドレイクアスファルト……165
トレサゲ…………………………………105

ナ　行

軟化点……………………………………166

ハ　行

配合強度…………………………………173
排水施設の計画…………………………178
排水性舗装………………………………182
波及効果（間接効果）…………16, 17, 19
薄層舗装…………………………………212
バス停留施設……………………………190
パッチング…………………………211, 213
バリアフリー………………………………40

ピーク法…………………………………204
非常駐車帯………………………………190
ひび割れ……………………………197, 204
ひび割れ度…………………………203, 204
ひび割れ率…………………………203, 204
費用便益比（B/C）………………………22
疲労破壊輪数………………………112, 115

フィラー…………………………………165
フィラービチューメン…………………165
フォームドアスファルト舗装…………163
フォーリングウエイトデフレクトメーター
　……………………………………………208
付着性……………………………………166
普通コンクリート舗装…………………172
フルデプスアスファルト舗装…………163
プレストレスコンクリート舗装………172
フロー効果…………………………………14

平均法……………………………………204
平たん性……………………………115, 116, 206
平板載荷試験……………………………206
変曲点……………………………………211
ベンケルマンビーム……………………208

防護柵……………………………………186
防災対策……………………………………40
防塵効果…………………………………109
歩行者立体横断施設……………………186
舗装維持管理指数………………………202
舗装
　——の維持管理………………………210
　——の維持修繕………………………210
　——の機能……………………………108
　——の効果……………………………109

――の役割 …………………………108
――の性能指標 ……………………112
――の破損 …………………………196
――のライフサイクル ……………196
舗装マネジメントシステム ……………210
舗装メンテナンスマネジメントシステム
　　………………………………………210
舗装用骨材 ………………………………164
ホットロールドアスファルト舗装 ……163

マ 行

マーシャル試験 …………………………168
マイクロサーフェーシング工法 ………212
マカダム …………………………………105
マニング・クッターの粗度係数 ………181

道の駅 ………………………………………9

無電柱化 ……………………………10, 12

明色舗装 …………………………………163

ヤ 行

有料道路制度……………………………29
ユニバーサルデザイン…………………40

ラ 行

ライフサイクルコスト …………………126

流出係数 …………………………………179
流達時間 …………………………………179
粒度曲線 …………………………………162

利用者便益（直接効果）…………14, 17, 18

瀝青材料 …………………………………165
連続照明 …………………………………187
連続鉄筋コンクリート舗装 ……………172

老朽化対策 …………………………………41
路盤厚の設計 ……………………………137
路面温度低減効果 ………………………111
路面排水 …………………………………180

ワ 行

ワーカビリチー …………………………173
わだち掘れ …………………………200, 204

英 字

AASHO道路試験 ………………………119
AEBS ………………………………………54
CBR設計法 ………………………………123
ETC（自動料金収受システム） …………46
FWD ………………………………………208
ITS …………………………………………46
MCI ………………………………………203
micro-surfacing …………………………212
OAC ………………………………………167
PI …………………………………………166
PMMS ……………………………………210
PMS …………………………………196, 210
PSI …………………………………121, 203
slurry seal ………………………………212
TLA ………………………………………165
VICS ………………………………………47

〈編・著者略歴〉

稲垣竜興（いながき たつおき）
1970年　京都大学農学部農業工学科卒業
1999年　工学博士
現　在　一般社団法人　道路・舗装技術
　　　　研究協会　理事長

中村俊行（なかむら としゆき）
1972年　東京大学工学部土木工学科卒業
現　在　大成ロテック株式会社顧問

小梁川雅（こやながわ まさし）
1983年　東北大学大学院工学研究科
　　　　土木工学専攻博士前期課程修了
1992年　工学博士
現　在　東京農業大学地域環境科学部
　　　　生産環境工学科　教授

- 本書の内容に関する質問は，オーム社ホームページの「サポート」から，「お問合せ」の「書籍に関するお問合せ」をご参照いただくか，または書状にてオーム社編集局宛にお願いします。お受けできる質問は本書で紹介した内容に限らせていただきます。なお，電話での質問にはお答えできませんので，あらかじめご了承ください。
- 万一，落丁・乱丁の場合は，送料当社負担でお取替えいたします。当社販売課宛にお送りください。
- 本書の一部の複写複製を希望される場合は，本書扉裏を参照してください。

JCOPY ＜出版者著作権管理機構　委託出版物＞

大学土木
道 路 工 学（改訂3版）

1998年　6月30日　　第1版第1刷発行
2003年12月20日　　改訂2版第1刷発行
2015年　8月20日　　改訂3版第1刷発行
2022年　5月10日　　改訂3版第7刷発行

編　者　稲垣竜興
著　者　中村俊行
　　　　稲垣竜興
　　　　小梁川雅
発行者　村上和夫
発行所　株式会社　オーム社
　　　　郵便番号　101-8460
　　　　東京都千代田区神田錦町3-1
　　　　電話　03(3233)0641（代表）
　　　　URL https://www.ohmsha.co.jp/

© 稲垣竜興・中村俊行・小梁川雅 2015

印刷　中央印刷　製本　協栄製本
ISBN978-4-274-21787-6　Printed in Japan

ハンディブック 土木 第3版

粟津清蔵【監修】

A5判・692頁
定価(本体4500円[税別])

土木の基礎から実際までが体系的に学べる！
待望の第3版！

初学者でも土木の基礎から実際まで全般的かつ体系的に理解できるよう，項目毎の読み切りスタイルで，わかりやすく，かつ親しみやすくまとめています．改訂2版刊行後の技術的進展や関連諸法規等の整備・改正に対応し，今日的観点でいっそう読みやすい新版化としてまとめました．

本書の特長・活用法

1 どこから読んでも すばやく理解できます！
テーマごとのページ区切り，ポイント 解説 関連事項 の順に要点をわかりやすく解説．記憶しやすく，復習にも便利です．

2 実力養成の最短コース，これで安心！ 勉強の力強い助っ人！
繰り返し，読んで覚えて，これだけで安心．例題 必ず覚えておく を随所に設けました．

3 将来にわたって，必ず役立ちます！
各テーマを基礎から応用までしっかり解説．新情報，応用例などを 知っておくと便利 応用知識 でカバーしています．

4 プロの方でも毎日使える内容！
若い技術者のみなさんが，いつも手もとに置いて活用できます．実務に役立つ トピックス などで，必要な情報，新技術をカバーしました．

5 キーワードへのアクセスが簡単！
キーワードを本文左側にセレクト．その他の用語とあわせて索引に一括掲載し，便利な用語事典として活用できます．

6 わかりやすく工夫された 図・表を豊富に掲載！
イラスト・図表が豊富で，親しみやすいレイアウト．読みやすさ，使いやすさを工夫しました．

もっと詳しい情報をお届けできます．
◎書店に商品がない場合または直接ご注文の場合も右記宛にご連絡ください．

ホームページ　http://www.ohmsha.co.jp/
TEL／FAX　TEL.03-3233-0643　FAX.03-3233-3440

(定価は変更される場合があります)